Holt
Mathematics

Course 1
Problem Solving
Teacher's Guide

HOLT, RINEHART AND WINSTON

A Harcourt Education Company

Orlando • **Austin** • New York • San Diego • London

Problem Solving
Comparing and Ordering Whole Numbers

Use the tables below to answer each question.

Most Populated Countries	
Brazil	174,468,575
China	1,273,111,290
India	1,029,991,145
Indonesia	228,437,870
United States	278,058,881

Largest Countries (square mi)	
Brazil	3,265,059
Canada	3,849,646
China	3,705,408
Russia	6,592,812
United States	3,539,224

1. Which country has the greatest population?

China; 1,273,111,290

3. Which country is the largest in the world?

Russia

5. What is the error in the following statement? Canada is larger than the United States, but smaller than China.

Canada is larger than China.

7. Which country has a population less than two hundred million?

A China   (C) Brazil
B Indonesia   D India

9. Which list shows the countries in order by population from greatest to least?

A China, United States, India, Indonesia, Brazil
B China, India, Indonesia, Brazil, United States,
C China, India, Indonesia, United States, Brazil
(D) Indonesia, United States, India, Brazil

2. Which countries have more than one billion people?

China and India

4. Which country's area is closest to 4,000,000 square miles?

Canada

6. Based on population and size, which country do you think is more crowded, Brazil or the United States? Explain.

U.S.; They are about the same size, but U.S. has more people.

8. Which countries have populations greater than the United States?

F China and Brazil
(G) China and India
H India and Indonesia
J Indonesia and China

10. Which list shows the countries in order by size from smallest to largest?

F Brazil, United States, China, Canada, Russia
G Brazil, United States, Canada, China, Russia
H Brazil, United States, Canada, Russia, China
(J) Brazil, United States, Russia, China, Canada

   1   **Holt Mathematics**

Resolución de problemas
Cómo comparar y ordenar números cabales

Usa las siguientes tablas para responder a cada pregunta.

Países más poblados	
Brasil	174,468,575
China	1,273,111,290
India	1,029,991,145
Indonesia	228,437,870
Estados Unidos	278,058,881

Países más grandes (mi cuadradas)	
Brasil	3,265,059
Canadá	3,849,646
China	3,705,408
Rusia	6,592,812
Estados Unidos	3,539,224

1. ¿Qué país tiene la mayor población?

China; 1,273,111,290

3. ¿Qué país es el más grande del mundo?

Rusia

5. ¿Cuál es el error en el siguiente enunciado? Canadá es más grande que Estados Unidos, pero más pequeño que China.

Canadá es más grande que China.

7. ¿Qué país tiene una población menor que doscientos millones de habitantes?

A China   (C) Brasil
B Indonesia   D India

9. ¿En qué lista se muestran los países en orden de mayor a menor según su población?

A China, Estados Unidos, India, Indonesia, Brasil
B China, India, Indonesia, Brasil, Estados Unidos
C China, India, Indonesia, Estados Unidos, Brasil
(D) Indonesia, Estados Unidos, India, Brasil

2. ¿Qué países tienen más de mil millones de personas?

China e India

4. ¿El área de qué país se aproxima más a 4,000,000 de millas cuadradas?

Canadá

6. Según la población y el tamaño, ¿qué país está más lleno, Brasil o Estados Unidos? Explica.

EE.UU.; tiene mayor población y tamaño parecido

8. ¿Qué países tienen más habitantes que EE.UU.?

F China y Brasil   H India e Indonesia
(G) China e India   J Indonesia y China

10. ¿En qué lista se muestran los países en orden de menor a mayor según su tamaño?

F Brasil, Estados Unidos, China, Canadá, Rusia
G Brasil, Estados Unidos, Canadá, China, Rusia
H Brasil, Estados Unidos, Canadá, Rusia, China
(J) Brasil, Estados Unidos, Rusia, China, Canadá

   1   **Holt Matemáticas**

Problem Solving
Estimating with Whole Numbers

Use the table below to answer each question.

Facts About the World's Oceans

Ocean	Area (square mi)	Greatest Depth (ft)
Arctic	5,108,132	18,456
Atlantic	33,424,006	30,246
Indian	28,351,484	24,460
Pacific	64,185,629	35,837

1. If the depths of all the oceans were rounded to the nearest ten thousand, which two oceans would have the same depth?

Arctic and Indian

3. If you wanted to compare the depths of the Pacific Ocean and the Atlantic Ocean, which place value would you use to estimate?

thousands

Choose the letter for the best answer.

5. There are 5,280 feet in a mile. About how many miles deep is the deepest point in the Pacific Ocean?

A about 0.7 mile   C about 70 miles
(B) about 7 miles   D about 700 miles

7. The Atlantic Ocean is about 40 times larger than the world's largest island, Greenland. Use this information to estimate the area of Greenland.

(A) about 800,000 sq. mi
B about 8,000,000 sq. mi
C about 80,000,000 sq. mi
D about 1,200,000,000 sq. mi

2. In 1960, scientists observed sea creatures living as far down as thirty thousand feet. In which ocean(s) could these creatures have lived?

Pacific and Atlantic

4. The oceans cover about three-fourths of Earth's surface. Estimate the total area of all the oceans combined by rounding to the nearest million.

about 130 million sq. mi

6. Rounding to the greatest place value, about how much larger is the Indian Ocean than the Arctic Ocean?

F about 5 million sq. mi
G about 10 million sq. mi
H about 15 million sq. mi
(J) about 25 million sq. mi

8. About how much larger would the Pacific Ocean have to be to have more area than the other three oceans combined?

F about 2 hundred sq. mi
G about 2 thousand sq. mi
(H) about 2 million sq. mi
J about 20 million sq. mi

   2   **Holt Mathematics**

Resolución de problemas
Cómo estimar con números cabales

Usa la siguiente tabla para responder a cada pregunta.

Información sobre los océanos del mundo

Océano	Área (mi cuadradas)	Mayor profundidad (pies)
Ártico	5,108,132	18,456
Atlántico	33,424,006	30,246
Índico	28,351,484	24,460
Pacífico	64,185,629	35,837

1. Si la profundidad de todos los océanos se redondeara a la decena de millar más cercana, ¿qué dos océanos tendrían la misma profundidad?

Ártico e Índico

3. Si quisieras comparar la profundidad del océano Pacífico y del océano Atlántico, ¿qué valor posicional usarías para estimar?

millares

Elige la letra de la respuesta correcta.

5. En una milla hay 5,280 pies. ¿Alrededor de cuántas millas de profundidad tiene el punto más profundo del océano Pacífico?

A alrededor de 0.7 milla
(B) alrededor de 7 millas
C alrededor de 70 millas
D alrededor de 700 millas

7. El océano Atlántico es aproximadamente 40 veces más grande que Groenlandia, la isla más grande del mundo. Usa esta información para estimar el área de Groenlandia.

(A) alrededor de 800,000 mi²
B alrededor de 8,000,000 de mi²
C alrededor de 80,000,000 de mi²
D alrededor de 1,200,000,000 de mi²

2. En 1960, unos científicos observaron criaturas marinas que vivían a una profundidad de treinta mil pies. ¿En qué océano(s) pudieron haber vivido estas criaturas?

Pacífico y Atlántico

4. Los océanos cubren aproximadamente tres cuartos de la superficie de la Tierra. Estima el área total de todos los océanos juntos por redondeo al millón más cercano.

alrededor de 130 millones de mi²

6. Redondeando al mayor valor posicional, ¿aproximadamente cuánto más grande es el océano Índico que el océano Ártico?

F alrededor de 5 millones de mi²
G alrededor de 10 millones de mi²
H alrededor de 15 millones de mi²
(J) alrededor de 25 millones de mi²

8. ¿Aproximadamente cuánto más grande tendría que ser el océano Pacífico para tener un área mayor que los otros tres océanos juntos?

F alrededor de 200 mi²
G alrededor de 2,000 mi²
(H) alrededor de 2 millones de mi²
J alrededor de 20 millones de mi²

   2   **Holt Matemáticas**

---

   1   **Holt Middle School Math**   **Course 1**

Problem Solving
Exponents

1. The Sun is the center of our solar system. The Sun is the star closest to our planet. The surface temperature of the Sun is close to 10,000°F. Write 10,000 using exponents.

10^4

2. Patty Berg has won 4^2 major women's titles in golf. Write 4^2 in standard form.

16

3. William has 3^3 baseball cards and 4^3 football cards. Write the number of baseball cards and footballs cards that William has.

27 baseball cards and 64 football cards

4. Michelle recorded the number of miles she ran each day last year. She used the following expression to represent the total number of miles: $3 \times 3 \times 3 \times 3 \times 3 \times 3 \times 3$. Write this expression using exponents. How many miles did Michelle run last year?

3^7; 2,187 miles

Choose the letter for the best answer.

5. In Tyrone's science class he is studying cells. Cell A divides every 30 minutes. If Tyrone starts with two cells, how many cells will he have in 3 hours?
   A 6 cells
   B 32 cells
   Ⓒ 128 cells
   D 512 cells

6. Tanisha's soccer team has a phone tree in case a soccer game is postponed or cancelled. The coach calls 2 families. Then each family calls 2 other families. How many families will be notified during the 4th round of calls?
   F 2 families
   G 4 families
   H 8 families
   Ⓙ 16 families

7. The Akashi-Kaiko Bridge is the longest suspension bridge in the world. It is located in Kobe-Naruto, Japan and was completed in 1998. It is about 3^8 feet long. Write the approximate length of the Akashi-Kaiko Bridge in standard form.
   Ⓐ 6,561 feet
   B 2,187 feet
   C 512 feet
   D 24 feet

8. The Strahov Stadium is the largest sports stadium in the world. It is located in Prague, Czech Republic. Its capacity is about 12^5 people. Write the capacity of the Strahov Stadium in standard form.
   F 60 people
   G 144 people
   H 20,736 people
   Ⓙ 248,832 people

3

LECCIÓN 1-3
Resolución de problemas
Exponentes

1. El Sol es el centro de nuestro Sistema Solar y es la estrella más cercana a nuestro planeta. La temperatura de la superficie del Sol es cercana a los 10,000° F. Escribe 10,000 usando exponentes.

10^4

2. Patty Berg ha ganado 4^2 importantes títulos femeninos en golf. Escribe 4^2 en forma estándar.

16

3. William tiene 3^3 tarjetas de béisbol y 4^3 tarjetas de fútbol americano. Escribe la cantidad de tarjetas de béisbol y de fútbol americano que tiene William.

27 tarjetas de béisbol y 64 tarjetas de fútbol americano

4. Michelle registró la cantidad de millas que corrió cada día el año pasado. Usó la siguiente expresión para representar la cantidad total de millas: $3 \times 3 \times 3 \times 3 \times 3 \times 3 \times 3$. Escribe esta expresión usando exponentes. ¿Cuántas millas corrió Michelle el año pasado?

3^7; 2,187 millas

Elige la letra de la respuesta correcta.

5. Tyrone está estudiando las células en su clase de ciencias. La célula A se divide cada 30 minutos. Si Tyrone comienza con dos células, ¿cuántas células tendrá en 3 horas?
   A 6 células
   B 32 células
   Ⓒ 128 células
   D 512 células

6. El equipo de fútbol de Tanisha tiene una cadena telefónica en caso de que un partido de fútbol se posponga o cancele. El entrenador llama a 2 familias. Luego cada familia llama a otras 2 familias. ¿Cuántas familias estarán notificadas durante la 4ta ronda de llamados?
   F 2 familias
   G 4 familias
   H 8 familias
   Ⓙ 16 familias

7. El puente Akashi-Kaiko es el puente colgante más largo del mundo. Está ubicado en Kobe-Naruto, Japón, y se terminó en 1998. Mide alrededor de 3^8 pies de largo. Escribe la longitud aproximada del puente Akashi-Kaiko en forma estándar.
   Ⓐ 6,561 pies
   B 2,187 pies
   C 512 pies
   D 24 pies

8. El estadio Strahov es el estadio deportivo más grande del mundo. Está ubicado en Praga, República Checa. Su capacidad es de alrededor de 12^5 personas. Escribe la capacidad del estadio Strahov en forma estándar.
   F 60 personas
   G 144 personas
   H 20,736 personas
   Ⓙ 248,832 personas

Copyright © by Holt, Rinehart and Winston. All rights reserved.
3
Holt Matemáticas

LESSON 1-4
Problem Solving
Order of Operations

Evaluate each expression to complete the table.

Mammals with the Longest Tails

	Mammal	Expression	Tail Length
1.	Asian elephant	$2 + 3^2 \times 7 - (10 - 4)$	59
2.	Leopard	$5 \times 6 + 5^2$	55
3.	African elephant	$6 \times (72 \div 8) - 3$	51
4.	African buffalo	$51 + 6^2 \div 9 - 12$	43
5.	Giraffe	$4^3 - 3 \times 7$	43
6.	Red kangaroo	$11 + 48 \div 6 \times 4$	43

Choose the letter for the best answer.

7. Adam and his two brothers went to the zoo. Each ticket to enter the zoo costs $7. Adam bought two bags of peanuts at $4 each, and one of his brothers bought a lion poster for $12. Which expression shows how much money they spent at the zoo in all?
   A $7 + 4 + 12$
   B $7 \times 3 + 4 + 12$
   Ⓒ $7 \times 3 + 4 \times 2 + 12$
   D $(7 \times 3) + (4 \times 12)$

8. An elephant eats about 500 pounds of grass and leaves every day. There are 2 Africa elephants and 3 Asian elephants living in the City Zoo. How many pounds of grass and leaves do the zookeepers need to order each week to feed all the elephants?
   F 2,500 pounds
   Ⓖ 17,500 pounds
   H 3,000 pounds
   J 21,000 pounds

9. The average giraffe is 18 feet tall. Which of these expressions shows the height of a giraffe?
   A $4^2 - 2$
   B $3 \times 12 \div 4 + 2$
   Ⓒ $3^3 \div 9 \times 6$
   D $20 \div 5 + 5 - 6$

10. Some kangaroos can cover 30 feet in a single jump! If a kangaroo could jump like that 150 times in a row, how much farther would it need to go to cover a mile? (1 mile = 5,280 feet)
    Ⓕ 780 feet   H 176 feet
    G 26 feet   J 5,100 feet

4

LECCIÓN 1-4
Resolución de problemas
El orden de las operaciones

Evalúa cada expresión para completar la tabla.

Mamíferos con la cola más larga

	Mamífero	Expresión	Longitud de la cola
1.	Elefante asiático	$2 + 3^2 \times 7 - (10 - 4)$	59
2.	Leopardo	$5 \times 6 + 5^2$	55
3.	Elefante africano	$6 \times (72 \div 8) - 3$	51
4.	Búfalo africano	$51 + 6^2 \div 9 - 12$	43
5.	Jirafa	$4^3 - 3 \times 7$	43
6.	Canguro rojo	$11 + 48 \div 6 \times 4$	43

Elige la letra de la respuesta correcta.

7. Adam y sus dos hermanos fueron al zoológico. Cada boleto para entrar al zoológico cuesta $7. Adam compró dos bolsas de cacahuates a $4 cada una y uno de sus hermanos compró un póster de un león a $12. ¿En qué expresión se muestra cuánto dinero gastaron en el zoológico en total?
   A $7 + 4 + 12$
   B $7 \times 3 + 4 + 12$
   Ⓒ $7 \times 3 + 4 \times 2 + 12$
   D $(7 \times 3) + (4 \times 12)$

8. Un elefante come aproximadamente 500 libras de pasto y hojas todos los días. Hay 2 elefantes africanos y 3 elefantes asiáticos en el zoológico de la ciudad. ¿Cuántas libras de pasto y hojas necesitan ordenar los guardianes del zoológico por semana para alimentar a todos los elefantes?
   F 2,500 libras
   Ⓖ 17,500 libras
   H 3,000 libras
   J 21,000 libras

9. Una jirafa promedio mide 18 pies de alto. ¿En cuál de estas expresiones se muestra la altura de una jirafa?
   A $4^2 - 2$
   B $3 \times 12 \div 4 + 2$
   Ⓒ $3^3 \div 9 \times 6$
   D $20 \div 5 + 5 - 6$

10. ¡Algunos canguros pueden cubrir 30 pies en un solo salto! Si un canguro pudiera saltar así 150 veces seguidas, ¿cuánto más lejos tendría que ir para cubrir una milla? (1 milla = 5,280 pies)
    Ⓕ 780 pies   H 176 pies
    G 26 pies   J 5,100 pies

Copyright © by Holt, Rinehart and Winston. All rights reserved.
4
Holt Matemáticas

2
Holt Middle School Math   Course 1

LESSON 1-5 Problem Solving
Mental Math

The bar graph below shows the average amounts of water used during some daily activities. Use the bar graph and mental math to answer the questions.

How Much Water?

1. Most people brush their teeth three times a day. How much water do they use for this activity every week?

42 gallons

2. How much water is wasted in a day by a leaky faucet?

288 gallons

3. The average American uses 124 gallons of water a day. Name a combination of activities listed in the table that would equal that daily total.

Possible answer: taking a bath, washing 4 loads of laundry,

brushing teeth two times, washing 2 dishwasher loads

Choose the letter for the best answer.

4. Kenya used 24 gallons of water doing three of the activities listed in the table once. Which activities did she do?

A taking a bath, brushing teeth, washing dishes by hand

B taking a bath, brushing teeth, running 1 dishwasher load

C taking a shower, brushing teeth, washing dishes by hand

D taking a shower, brushing teeth, running 1 dishwasher load

5. If you wash two loads of dishes by hand instead of using a dishwasher, how much water do you save?

F 30 gallons   G 15 gallons   H 10 gallons   * J 1 gallon

5   Holt Mathematics

LECCIÓN 1-5 Resolución de problemas
Cálculo mental

En la siguiente gráfica de barras se muestra la cantidad de agua promedio que se usa durante algunas actividades diarias. Usa la gráfica de barras y el cálculo mental para responder a las preguntas.

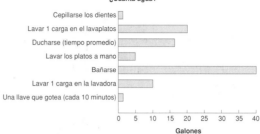

¿Cuánta agua?

1. La mayoría de las personas se cepillan los dientes tres veces por día. ¿Cuánta agua usan para esta actividad por semana?

42 galones

2. ¿Cuánta agua se desperdicia por día por una llave que gotea?

288 galones

3. El estadounidense promedio usa 124 galones de agua por día. Nombra una combinación de actividades de la tabla que equivaldrían a ese total diario.

Respuesta posible: bañarse, lavar 4 cargas de ropa, cepillarse dos veces

los dientes, lavar 2 cargas en el lavaplatos

Elige la letra de la respuesta correcta.

4. Kenya usó 24 galones de agua haciendo una vez tres de las actividades que figuran en la tabla. ¿Qué actividades hizo?

A bañarse, cepillarse los dientes, lavar los platos a mano

B bañarse, cepillarse los dientes, lavar 1 carga en el lavaplatos

C ducharse, cepillarse los dientes, lavar los platos a mano

D ducharse, cepillarse los dientes, lavar 1 carga en el lavaplatos

5. Si lavas dos cargas de platos a mano en lugar de usar el lavaplatos, ¿cuánta agua ahorras?

F 30 galones   G 15 galones   H 10 galones   J 1 galón

5   Holt Matemáticas

LESSON 1-6 Problem Solving
Choose the Method of Computation

Use the table below to answer questions 1–6. For each question, write the method of computation you should use to solve it. Then write the solution.

1. How many bones are in an average person's arms and hands altogether?

mental math; 60 bones

2. How many more bones are in an average person's head than chest?

mental math; 3 bones

3. Which part of the body has twice as many bones as the spine?

mental math; feet

4. How many bones are in the body altogether?

paper and pencil; 206 bones

5. A newborn baby has 350 bones. How many more bones does a newborn baby have than an adult?

paper and pencil; 144 bones

Bones in the Human Body	
Body Part	**Number of Bones**
Head	28
Throat	1
Spine	26
Chest	25
Shoulders	4
Arms	6
Hands	54
Legs	10
Feet	52

6. How many bones are in each of an average person's feet, hands, legs, and arms?

paper and pencil; feet: 26 bones;

hands: 27 bones; legs: 5 bones;

arms: 3 bones

Choose the letter for the best answer.

7. The body's longest bones—thighbones and shinbones—are in the legs. The average thighbone is about 20 inches long, and the average shinbone is about 17 inches long. What is the total length of those four bones?

A paper and pencil; 74 inches

B paper and pencil; 37 inches

C mental math; 20 inches

D calculator; 17 inches

8. The body has 650 muscles. Seventeen of those muscles are used to smile and 42 muscles are used to frown. How many more muscles are used to frown than to smile?

F mental math; 35 muscles

G mental math; 25 muscles

H paper and pencil; 608 muscles

J calculator; 633 muscles

6   Holt Mathematics

LECCIÓN 1-6 Resolución de problemas
Cómo elegir el método de cálculo

Usa la siguiente tabla para responder a las preguntas de la 1 a la 6. Para cada pregunta, escribe el método de cálculo que deberías usar para resolverla. Luego escribe la solución.

1. ¿Cuántos huesos hay en total en los brazos y manos de una persona promedio?

cálculo mental; 60 huesos

2. ¿Cuántos huesos más hay en la cabeza que en el pecho de una persona promedio?

cálculo mental; 3 huesos

3. ¿Qué parte del cuerpo tiene el doble de huesos que la columna vertebral?

cálculo mental; los pies

4. ¿Cuántos huesos hay en el cuerpo en total?

papel y lápiz; 206 huesos

5. Un bebé recién nacido tiene 350 huesos. ¿Cuántos huesos más tiene un bebé recién nacido que un adulto?

papel y lápiz; 144 huesos

Huesos del cuerpo humano

Parte del cuerpo	Cantidad de huesos
Cabeza	28
Cuello	1
Columna vertebral	26
Pecho	25
Hombros	4
Brazos	6
Manos	54
Piernas	10
Pies	52

6. ¿Cuántos huesos hay en cada uno de los pies, las manos, las piernas y los brazos de una persona promedio?

papel y lápiz; pies: 26 huesos;

manos: 27 huesos; piernas:

5 huesos; brazos: 3 huesos

Elige la letra de la respuesta correcta.

7. Los huesos más largos del cuerpo (el fémur y la tibia) están en la pierna. El fémur promedio mide aproximadamente 20 pulgadas de largo y la tibia promedio mide aproximadamente 17 pulgadas de largo. ¿Cuál es la longitud total de los cuatro huesos?

A papel y lápiz; 74 pulgadas

B papel y lápiz; 37 pulgadas

C cálculo mental; 20 pulgadas

D calculadora; 17 pulgadas

8. El cuerpo humano tiene 650 músculos. Para sonreír se usan diecisiete de esos músculos y para fruncir el ceño se usan 42 músculos. ¿Cuántos músculos más se usan para fruncir el ceño que para sonreír?

F cálculo mental; 35 músculos

G cálculo mental; 25 músculos

H papel y lápiz; 608 músculos

J calculadora; 633 músculos

6   Holt Matemáticas

Holt Middle School Math   Course 1

Problem Solving
Patterns and Sequences

1. A giant bamboo plant was 5 inches tall on Monday, 23 inches tall on Tuesday, 41 inches tall on Wednesday, and 59 inches tall on Thursday. Describe the pattern. If the pattern continues, how tall will the giant bamboo plant be on Friday, Saturday, and Sunday?

   Each day the giant bamboo plant grew 18 inches. The giant

   bamboo plant will be 77 inches tall on Friday, 95 inches tall

   on Saturday, and 113 inches tall on Sunday.

2. A scientist was studying a cell. After the second hour there were two cells. After the third hour there were four cells. After the fourth hour there were eight cells. Describe the pattern. If the pattern continues, how many cells will there be after the fifth, sixth, and seventh hour?

   The number of cells doubled every hour. After the fifth hour

   there will be 16 cells. After the sixth hour there will be 32 cells.

   After the seventh hour there will be 64 cells.

Choose the letter for the best answer.

3. The first place prize for a sweepstakes is $8,000. The third place prize is $2,000. The fourth place prize is $1,000. The fifth place prize is $500. What is the second place prize?
   A $7,000   C̶ $4,000
   B $6,000   D $3,000

4. The temperature was 59°F at 3:00 A.M., 62°F at 5:00 A.M., and 65°F at 7:00 A.M. If the pattern continues, what will the temperature be at 9:00 A.M., 11:00 A.M., and 1:00 P.M.?
   F 66°F at 9:00 A.M., 67°F at 11:00 A.M., 68°F at 1:00 P.M.
   G 68°F at 9:00 A.M., 70°F at 11:00 A.M., 72°F at 1:00 P.M.
   (H) 68°F at 9:00 A.M., 71°F at 11:00 A.M., 74°F at 1:00 P.M.
   J 70°F at 9:00 A.M., 75°F at 11:00 A.M., 80°F at 1:00 P.M.

Holt Mathematics

Resolución de problemas
Patrones y sucesiones

1. Una planta de bambú gigante medía 5 pulgadas de alto el lunes, 23 pulgadas de alto el martes, 41 pulgadas de alto el miércoles y 59 pulgadas de alto el jueves. Describe el patrón. Si el patrón continúa, ¿qué altura tendrá la planta de bambú gigante el viernes, el sábado y el domingo?

   Cada día la planta de bambú gigante creció 18 pulgadas.

   La planta de bambú gigante medirá 77 pulgadas de alto el viernes,

   95 pulgadas de alto el sábado y 113 pulgadas de alto el domingo.

2. Un científico estaba estudiando una célula. Al cabo de la segunda hora había dos células. Al cabo de la tercera hora había cuatro células. Al cabo de la cuarta hora había ocho células. Describe el patrón. Si el patrón continúa, ¿cuántas células habrá al cabo de la quinta, la sexta y la séptima hora?

   La cantidad de células se duplica cada hora. Al cabo de la quinta hora

   habrá 16 células, al cabo de la sexta hora habrá 32 células y al cabo

   de la séptima hora habrá 64 células.

Elige la letra de la respuesta correcta.

3. El primer premio en un sorteo es de $8,000. El tercer premio es de $2,000. El cuarto premio es de $1,000. El quinto premio es de $500. ¿Cuál es el segundo premio?
   A $7,000   C̶ $4,000
   B $6,000   D $3,000

4. La temperatura era de 59° F a las 3:00 A.M., de 62° F a las 5:00 A.M., y de 65° F a las 7:00 A.M. Si el patrón continúa, ¿cuál será la temperatura a las 9:00 A.M., a las 11:00 A.M., y a la 1:00 P.M.?
   F 66°F a las 9:00 A.M., 67° F a las 11:00 A.M., 68° F a las 1:00 P.M.
   G 68°F a las 9:00 A.M., 70° F a las 11:00 A.M., 72° F a las 1:00 P.M.
   (H) 68°F a las 9:00 A.M., 71° F a las 11:00 A.M., 74° F a las 1:00 P.M.
   J 70°F a las 9:00 A.M., 75° F a las 11:00 A.M., 80° F a la 1:00 P.M.

Holt Matemáticas

Problem Solving
Variables and Expressions

Write the correct answer.

1. To cook 4 cups of rice, you use 8 cups of water. To cook 10 cups of rice, you use 20 cups of water. Write an expression to show how many cups of water you should use if you want to cook c cups of rice. How many cups of water should you use to cook 5 cups of rice?

   2c; 10 cups of water

2. Sue earns the same amount of money for each hour that she tutors students in math. In 3 hours, she earns $27. In 8 hours, she earns $72. Write an expression to show how much money Sue earns working h hours. At this rate, how much money will Sue earn if she works 12 hours?

   9h; $108

3. Bees are one of the fastest insects on Earth. They can fly 22 miles in 2 hours, and 55 miles in 5 hours. Write an expression to show how many miles a bee can fly in h hours. If a bee flies 4 hours at this speed, how many miles will it travel?

   11h; 44 miles

4. A friend asks you to think of a number, triple it, and then subtract 2. Write an algebraic expression using the variable x to describe your friend's directions. Then find the value of the expression if the number you think of is 5.

   3x − 2; 13

Circle the letter of the correct answer.

5. The ruble is the currency in Russia. In 2005, 1 United States dollar was worth 28 rubles. How many rubles were equivalent to 10 United States dollars?
   A 28
   B 38
   (C) 280
   D 2,800

6. The peso is the currency in Mexico. In 2005, 1 United States dollar was worth 10 pesos. How many pesos were equivalent to 5 United States dollars?
   F 1
   G 10
   H 15
   (J) 50

Holt Mathematics

Resolución de problemas
Variables y expresiones

Escribe la respuesta correcta.

1. Para cocinar 4 tazas de arroz, se usan 8 tazas de agua. Para cocinar 10 tazas de arroz, se usan 20 tazas de agua. Escribe una expresión que muestre cuántas tazas de agua deberían usarse si se quieren cocinar c tazas de arroz. ¿Cuántas tazas de arroz deberían usarse para cocinar 5 tazas de arroz?

   2c; 10 tazas de agua

2. Sue gana la misma cantidad de dinero por cada hora de clase particular de matemáticas que enseña. En 3 horas, gana $27. En 8 horas, gana $72. Escribe una expresión que muestre cuánto dinero gana Sue trabajando h horas. A esa tarifa, ¿cuánto dinero ganará Sue si trabaja 12 horas?

   9h; $108

3. Las abejas son los insectos más rápidos de la Tierra. Pueden volar 22 millas en 2 horas y 55 millas en 5 horas. Escribe una expresión que muestre cuántas millas puede volar una abeja en h horas. Si una abeja vuela 4 horas a esta velocidad, ¿cuántas millas recorrerá?

   11h; 44 millas

4. Un amigo te pide que pienses un número, que lo tripliques, y que luego le restes 2. Escribe una expresión algebraica usando la variable x para describir las instrucciones de tu amigo. Luego halla el valor de la expresión si el número que piensas es 5.

   3x − 2; 13

Encierra en un círculo la letra de la respuesta correcta.

5. El rublo es la moneda de Rusia. En 2005, 1 dólar estadounidense valía 28 rublos. ¿Cuántos rublos equivalían a 10 dólares estadounidenses?
   A 28
   B 38
   (C) 280
   D 2,800

6. El peso es la moneda de México. En 2005, 1 dólar estadounidense valía 10 pesos. ¿Cuántos pesos equivalían a 5 dólares estadounidenses?
   F 1
   G 10
   H 15
   (J) 50

Holt Matemáticas

---

4   **Holt Middle School Math   Course 1**

LESSON 2-2 Problem Solving
Translate Between Words and Math

Write the correct answer.

1. Holly bought 10 comic books. She gave a few of them to Kyle. Let c represent the number of comic books she gave to Kyle. Write an expression for the number of comic books Holly has left.

   $10 - c$

2. Last week, Peter worked 40 hours for $15 an hour. Write a numerical expression for the total amount Peter earned last week. Write an algebraic expression to show how much Peter earns in h hours at that rate.

   $40 \cdot 15; 15h$

3. The temperature dropped 5°F, and then it went up 3°F. Let t represent the beginning temperature. Write an expression to show the ending temperature.

   $t - 5 + 3$ or $t - 2$

4. Teri baked 48 cookies and divided them evenly into bags. Let n represent the number of cookies Teri put in each bag. Write an expression for the number of bags she filled.

   $48 \div n$

Circle the letter of the correct answer.

5. Marisa purchased canned soft drinks for a family reunion. She purchased 1 case of 24 cans and several packages containing 6 cans each. If p represents the number of 6-can packages she purchased, which of the following expressions represents the total number of cans Marisa purchased for the reunion?
   - **(A)** $24 + 6p$
   - **B** $24 - 6p$
   - **C** $6 + 24p$
   - **D** $6 - 24p$

6. Becky has the addresses of many people listed in her e-mail address book. She forwarded a copy of an article to all but 5 of those people. If a represents the number of addresses, which of the following expressions represents how many people she sent the article to?
   - **F** $a + 5$
   - **G** $5a$
   - **(H)** $a - 5$
   - **J** $a \div 5$

7. Mei bought several CDs for $12 each. Which of the following expressions could you use to find the total amount she spent on the CDs?
   - **A** $12 + x$
   - **B** $12 - x$
   - **(C)** $12x$
   - **D** $12 \div x$

8. Tony bought 2 packs of 50 plates and 1 pack of 30 plates. Which of the following expressions could you use to find the total number of plates Tony bought?
   - **F** $2 + 50 + 30$
   - **(G)** $(2 \cdot 50) + 30$
   - **H** $(2 \cdot 30) + 50$
   - **J** $2(30 + 50)$

9   **Holt Mathematics**

LECCIÓN 2-2 Resolución de problemas
Cómo convertir entre expresiones con palabras y expresiones matemáticas

Escribe la respuesta correcta.

1. Holly compró 10 revistas de historietas. Le dio algunas a Kyle. Sea c la cantidad de revistas de historietas que Holly le dio a Kyle. Escribe una expresión para la cantidad de revistas de historietas que le quedan a Holly.

   $10 - c$

2. La semana pasada, Peter trabajó 40 horas a $15 la hora. Escribe una expresión numérica para la cantidad total que ganó Peter la semana pasada. Escribe una expresión algebraica para mostrar cuánto gana Peter en h horas a esa tarifa.

   $40 \cdot 15; 15h$

3. La temperatura bajó 5° F y luego subió 3° F. Sea t la temperatura inicial. Escribe una expresión que muestre la temperatura final.

   $t - 5 + 3$ ó $t - 2$

4. Teri horneó 48 galletas y las dividió equitativamente en bolsas. Sea n la cantidad de galletas que Teri colocó en cada bolsa. Escribe una expresión para la cantidad de bolsas que llenó.

   $48 \div n$

Encierra en un círculo la letra de la respuesta correcta.

5. Marisa compró refrescos enlatados para una reunión familiar. Compró 1 caja de 24 latas y varios paquetes de 6 latas cada uno. Sea p la cantidad de paquetes de 6 latas que compró. ¿Cuál de las siguientes expresiones representa la cantidad total de latas que compró Marisa para la reunión?
   - **(A)** $24 + 6p$
   - **B** $24 - 6p$
   - **C** $6 + 24p$
   - **D** $6 - 24p$

6. Becky tiene las direcciones de muchas personas en su libreta de direcciones de correo electrónico. Reenvió una copia de un artículo a todas esas personas menos a 5. Sea a la cantidad de direcciones. ¿Cuál de las siguientes expresiones representa a cuánta gente le envió el artículo?
   - **F** $a + 5$
   - **G** $5a$
   - **(H)** $a - 5$
   - **J** $a \div 5$

7. Mei compró varios CD a $12 cada uno. ¿Cuál de las siguientes expresiones podrías usar para hallar la cantidad total que gastó en los CD?
   - **A** $12 + x$
   - **B** $12 - x$
   - **(C)** $12x$
   - **D** $12 \div x$

8. Tony compró 2 paquetes de 50 platos y 1 paquete de 30 platos. ¿Cuál de las siguientes expresiones podrías usar para hallar la cantidad total de platos que compró Tony?
   - **F** $2 + 50 + 30$
   - **(G)** $(2 \cdot 50) + 30$
   - **H** $(2 \cdot 30) + 50$
   - **J** $2(30 + 50)$

9   **Holt Matemáticas**

LESSON 2-3 Problem Solving
Translating Between Tables and Expressions

Use the table to write an expression for the missing value. Then use your expression to answer the questions.

1. How many cars are produced on average each year?

   1,250

2. How many cars will be produced in 6 years?

   7,500

3. After how many years will there be an average production of 3,750 cars?

   3

Cars Produced By Company X	
Number of Years	Average Number of Cars Produced
2	2,500
5	6,250
7	8,750
10	12,500
12	15,000
14	17,500
n	**1,250n**

Circle the letter of the correct answer.
Company Y produces twice as many cars as Company X.

4. How many cars does Company Y produce on average in 8 years?
   - **A** 1,250
   - **B** 10,000
   - **C** 11,250
   - **(D)** 20,000

5. How many more cars on average does Company Y produce in 4 years than Company X?
   - **F** 2,500
   - **(G)** 5,000
   - **H** 6,125
   - **J** 7,500

6. Which company produces an average of 11,250 cars in 9 years?
   - **(A)** Company X
   - **B** Company Y
   - **C** both companies
   - **D** neither company

7. How many cars are produced on average by both companies in 20 years?
   - **F** 3,750
   - **G** 12,500
   - **H** 25,000
   - **(J)** 37,500

10   **Holt Middle School Math**   **Course 1**

LECCIÓN 2-3 Resolución de problemas
Cómo convertir entre tablas y expresiones

Usa la tabla para escribir una expresión para el valor que falta. Luego usa tu expresión para responder a las preguntas.

1. ¿Cuántos automóviles se producen en promedio por año?

   1,250

2. ¿Cuántos automóviles se producirán en 6 años?

   7,500

3. ¿Después de cuántos años habrá una producción promedio de 3,750 automóviles?

   3

Automóviles producidos por la empresa X	
Cantidad de años	Cantidad promedio de automóviles producidos
2	2,500
5	6,250
7	8,750
10	12,500
12	15,000
14	17,500
n	**1,250n**

Encierra en un círculo la letra de la respuesta correcta.
La empresa Y produce el doble de automóviles que la empresa X.

4. ¿Cuántos automóviles produce la empresa Y en promedio en 8 años?
   - **A** 1,250
   - **B** 10,000
   - **C** 11,250
   - **(D)** 20,000

5. ¿Cuántos automóviles más en promedio produce la empresa Y que la empresa X en 4 años?
   - **F** 2,500
   - **(G)** 5,000
   - **H** 6,125
   - **J** 7,500

6. ¿Qué empresa produce un promedio de 11,250 automóviles en 9 años?
   - **(A)** la empresa X
   - **B** la empresa Y
   - **C** ambas empresas
   - **D** ninguna de las dos empresas

7. Cuántos automóviles producen en promedio las dos empresas en 20 años?
   - **F** 3,750
   - **G** 12,500
   - **H** 25,000
   - **(J)** 37,500

10   **Holt Matemáticas**

---

5   **Holt Middle School Math**   **Course 1**

Problem Solving
Equations and Their Solutions

Use the table to write and solve an equation to answer each question. Then use your answers to complete the table.

1. A hippopotamus can stay underwater 3 times as long as a sea otter can. How long can a sea otter stay underwater?

   $3x = 15; x = 5;$

   5 minutes

2. A seal can stay underwater 10 minutes longer than a muskrat can. How long can a muskrat stay underwater?

   $x + 10 = 22; x = 12;$

   12 minutes

3. A sperm whale can stay underwater 7 times longer than a sea cow can. How long can a sperm whale stay underwater?

   $x \div 7 = 16; x = 112;$

   112 minutes

How Many Minutes Can Mammals Stay Underwater?	
Hippopotamus	15
Human	1
Muskrat	12
Platypus	10
Polar bear	2
Sea cow	16
Sea otter	5
Seal	22
Sperm whale	112

Circle the letter of the correct answer.

4. The difference between the time a platypus and a polar bear can stay underwater is 8 minutes. How long can a polar bear stay underwater?

   A 1 minute
   (B) 2 minutes
   C 3 minutes
   D 5 minutes

5. When you divide the amount of time any of the animals in the table can stay underwater by itself, the answer is always the amount of time the average human can stay underwater. How long can the average human stay underwater?

   F 6 minutes
   G 4 minutes
   H 2 minutes
   (J) 1 minute

Holt Mathematics

Resolución de problemas
Ecuaciones y sus soluciones

Usa la tabla para escribir y resolver una ecuación para responder a cada pregunta. Luego usa tus respuestas para completar la tabla.

1. Un hipopótamo puede permanecer bajo el agua 3 veces más tiempo que una nutria de mar. ¿Cuánto tiempo puede permanecer bajo el agua una nutria de mar?

   $3x = 15; x = 5;$

   5 minutos

2. Una foca puede permanecer bajo el agua 10 minutos más que una rata almizclera. ¿Cuánto tiempo puede permanecer bajo el agua una rata almizclera?

   $x + 10 = 22; x = 12;$

   12 minutos

3. Un cachalote puede permanecer bajo el agua 7 veces más tiempo que un manatí. ¿Cuánto tiempo puede permanecer bajo el agua un cachalote?

   $x \div 7 = 16; x = 112;$

   112 minutos

¿Cuántos minutos pueden permanecer los mamíferos bajo el agua?	
Hipopótamo	15
Ser humano	1
Rata almizclera	12
Ornitorrinco	10
Oso polar	2
Manatí	16
Nutria de mar	5
Foca	22
Cachalote	112

Encierra en un círculo la letra de la respuesta correcta.

4. La diferencia del tiempo que pueden permanecer bajo el agua un ornitorrinco y un oso polar es de 8 minutos. ¿Cuánto tiempo puede permanecer bajo el agua un oso polar?

   A 1 minuto
   (B) 2 minutos
   C 3 minutos
   D 5 minutos

5. Cuando divides por sí misma la cantidad de tiempo que cualquiera de los animales de la tabla puede permanecer bajo el agua, la respuesta siempre es la cantidad de tiempo que un ser humano promedio puede permanecer bajo el agua. ¿Cuánto tiempo puede permanecer bajo el agua un ser humano promedio?

   F 6 minutos   G 4 minutos
   H 2 minutos   (J) 1 minuto

Holt Matemáticas

Problem Solving
Addition Equations

Use the bar graph and addition equations to answer the questions.

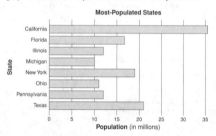

Most-Populated States
Population (in millions)

1. How many more people live in California than in New York?

   $19 + x = 34; x = 15;$

   15 million people

2. How many more people live in Ohio than in Michigan?

   $10 + x = 11; x = 1;$

   1 million people

3. How many more people live in Florida than in Illinois?

   $12 + x = 16; x = 4;$

   4 million people

4. How many more people live in Texas than in Pennsylvania?

   $12 + x = 21; x = 9;$

   9 million people

Circle the letter of the correct answer.

5. Which two states' populations are used in the equation $12 + x = 12$?

   A Pennsylvania and Texas
   B Ohio and Florida
   C Michigan and Illinois
   (D) Illinois and Pennsylvania

6. What is the value of x in the equation in Exercise 5?

   (F) 0   H 12
   G 1   J 24

7. In 2003, the total population of the United States was 292 million. How many of those people did not live in one of the states shown on the graph?

   A 416 million   (C) 154 million
   B 73 million   D 292 million

8. The combined population of Ohio and one other state is the same as the population of Texas. What is that state?

   F California
   G Florida
   (H) Michigan
   J Pennsylvania

Holt Mathematics

Resolución de problemas
Ecuaciones con sumas

Usa la gráfica de barras y las ecuaciones con sumas para responder a las preguntas.

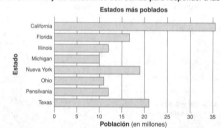

Estados más poblados
Población (en millones)
Estado

1. ¿Cuántas personas más viven en California que en Nueva York?

   $19 + x = 34; x = 15;$

   15 millones de personas

2. ¿Cuántas personas más viven en Ohio que en Michigan?

   $10 + x = 11; x = 1;$

   1 millón de personas

3. ¿Cuántas personas más viven en Florida que en Illinois?

   $12 + x = 16; x = 4;$

   4 millones de personas

4. ¿Cuántas personas más viven en Texas que en Pensilvania?

   $12 + x = 21; x = 9;$

   9 millones de personas

Encierra en un círculo la letra de la respuesta correcta.

5. ¿Las poblaciones de qué dos estados se usan en la ecuación $12 + x = 12$?

   A Pensilvania y Texas
   B Ohio y Florida
   C Michigan e Illinois
   (D) Illinois y Pensilvania

6. ¿Cuál es el valor de x en la ecuación del Ejercicio 5?

   (F) 0
   G 1
   H 12
   J 24

7. En 2003, la población total de Estados Unidos era de 292 millones de personas. ¿Cuántas de esas personas no vivían en uno de los estados que se muestran en la gráfica?

   A 416 millones   (C) 154 millones
   B 73 millones   D 292 millones

8. La combinación de la población de Ohio con la de otro estado es igual a la población de Texas. ¿Cuál es ese estado?

   F California   G Florida
   (H) Michigan   J Pensilvania

Holt Matemáticas

Holt Middle School Math   Course 1

Write and solve subtraction equations to answer the questions.

1. Dr. Felix Hoffman invented aspirin in 1899. That was 29 years before Alexander Fleming invented penicillin. When was penicillin invented?

$x - 29 = 1899;$

$x = 1928;$ in 1928

2. Kimberly was born on February 2. That is 10 days earlier than Kent's birthday. When is Kent's birthday?

$x - 10 = 2;$

$x = 12;$ February 12

3. Kansas and North Dakota are the top wheat-producing states. In 2000, North Dakota produced 314 million bushels of wheat, which was 34 million bushels less than Kansas produced. How much wheat did Kansas farmers grow in 2000?

$x - 34 = 314;$

$x = 348;$ 348 million bushels

4. Scientists assign every element an atomic number, which is the number of protons in the nucleus of that element. The atomic number of silver is 47, which is 32 less than the atomic number of gold. How many protons are in the nucleus of gold?

$x - 32 = 47;$

$x = 79;$ 79 protons

Circle the letter of the correct answer.

5. The spine-tailed swift and the frigate bird are the two fastest birds on earth. A frigate bird can fly 95 miles per hour, which is 11 miles per hour slower than a spine-tailed swift. How fast can a spine-tailed swift fly?

A 84 miles per hour
B 101 miles per hour
(C) 106 miles per hour
D 116 miles per hour

6. The Green Bay Packers and the Kansas City Chiefs played in the first Super Bowl in 1967. The Chiefs lost by 25 points, with a final score of 10. How many points did the Packers score in the first Super Bowl?

(F) 35
G 25
H 15
J 0

7. The Rocky Mountains extend 3,750 miles across North America. That is 750 miles shorter than the Andes Mountains in South America. How long are the Andes Mountains?

A 3,000 miles   C 180 miles
B 5 miles   (D) 4,500 miles

8. When the United States took its first census in 1790, only 4 million people lived here. That was 288 million fewer people than the population in 2003. What was the population of the United States in 2003?

(F) 292 million   H 69 million
G 284 million   J 1,108 million

13

LECCIÓN
Resolución de problemas
2-6 *Ecuaciones con restas*

Escribe y resuelve ecuaciones con restas para responder a las preguntas.

1. El Dr. Félix Hoffman inventó la aspirina en 1899. Eso fue 29 años antes de que Alexander Fleming inventara la penicilina. ¿Cuándo se inventó la penicilina?

$x - 29 = 1899;$

$x = 1928;$ en 1928

2. Kimberly nació el 2 de febrero. Son 10 días antes del cumpleaños de Kent. ¿Cuándo es el cumpleaños de Kent?

$x - 10 = 2;$

$x = 12;$ 12 de febrero

3. Kansas y Dakota del Norte son los estados que más trigo producen. En 2000, Dakota del Norte produjo 314 millones de fanegas de trigo, que fue 34 millones de fanegas menos que lo que produjo Kansas. ¿Cuánto trigo cultivaron los agricultores de Kansas en 2000?

$x - 34 = 314;$

$x = 348;$ 348 millones de fanegas

4. Los científicos asignan a cada elemento un número atómico, que es la cantidad de protones en el núcleo de ese elemento. El número atómico de la plata es 47, que es 32 menos que el número atómico del oro. ¿Cuántos protones hay en el núcleo del oro?

$x - 32 = 47;$

$x = 79;$ 79 protones

Encierra en un círculo la letra de la respuesta correcta.

5. El vencejo cola de espinas y el ave fragata son las dos aves más rápidas de la Tierra. Un ave fragata puede volar a 95 millas por hora, que es 11 millas por hora menos de lo que vuela un vencejo cola de espinas. ¿A qué velocidad puede volar un vencejo cola de espinas?

A 84 millas por hora
B 101 millas por hora
(C) 106 millas por hora
D 116 millas por hora

6. Los Green Bay Packers y los Kansas City Chiefs jugaron en el primer Super Bowl en 1967. Los Chiefs perdieron por 25 puntos, con un resultado final de 10. ¿Cuántos puntos marcaron los Packers en el primer Super Bowl?

(F) 35
G 25
H 15
J 0

7. Las montañas Rocallosas se extienden a lo largo de 3,750 millas en América del Norte. Son 750 millas menos que la cordillera de los Andes en América del Sur. ¿Qué longitud tiene la cordillera de los Andes?

A 3,000 millas   C 180 millas
B 5 millas   (D) 4,500 millas

8. Cuando Estados Unidos hizo su primer censo en 1790, sólo vivían aquí 4 millones de personas. Eran 288 millones de personas menos que la población en 2003. ¿Cuál era la población de Estados Unidos en 2003?

(F) 292 millones   H 69 millones
G 284 millones   J 1,108 millones

Copyright © by Holt, Rinehart and Winston.
All rights reserved.
13
Holt Matemáticas

LESSON
Problem Solving
2-7 *Multiplication Equations*

Write and solve a multiplication equation to answer each question.

1. In 1975, a person earning minimum wage made $80 for a 40-hour work week. What was the minimum wage per hour in 1975?

$40x = 80; x = 2;$

$2 per hour

2. If an ostrich could maintain its maximum speed for 5 hours, it could run 225 miles. How fast can an ostrich run?

$5x = 225; x = 45;$

45 miles per hour

3. About 2,000,000 people live in Paris, the capital of France. That is 80 times larger than the population of Paris, Texas. How many people live in Paris, Texas?

$80x = 2,000,000; x = 25,000;$

25,000 people

4. The average person in China goes to the movies 12 times per year. That is 3 times more than the average American goes to the movies. How many times per year does the average American go to the movies?

$3x = 12; x = 4;$

4 times per year

Circle the letter of the correct answer.

5. Recycling just 1 ton of paper saves 17 trees! If a city recycled enough paper to save 136 trees, how many tons of paper did it recycle?

A 7 tons
(B) 8 tons
C 9 tons
D 119 tons

6. Seaweed found along the coast of California, called giant kelp, grows up to 18 inches per day. If a giant kelp plant has grown 162 inches at this rate, for how many days has it been growing?

F 180 days   (H) 9 days
G 144 days   J 8 days

7. The distance between Atlanta, Georgia, and Denver, Colorado, is 1,398 miles. That is twice the distance between Atlanta and Detroit, Michigan. How many miles would you have to drive to get from Atlanta to Detroit?

A 2,796 miles
B 349.5 miles
(C) 699 miles
D 1,400 miles

8. Jupiter has 2 times more moons than Neptune has, and 8 times more moons than Mars has. Jupiter has 16 moons. How many moons do Neptune and Mars each have?

(F) 8 moons, 2 moons
G 2 moons, 8 moons
H 128 moons, 32 moons
J 32 moons, 128 moons

14

LECCIÓN
Resolución de problemas
2-7 *Ecuaciones con multiplicaciones*

Escribe y resuelve una ecuación con multiplicaciones para responder a cada pregunta.

1. En 1975, una persona que ganaba el salario mínimo cobraba $80 por una semana de 40 horas de trabajo. ¿Cuál era el salario mínimo por hora en 1975?

$40x = 80; x = 2;$

$2 por hora

2. Si un avestruz pudiera mantener su velocidad máxima durante 5 horas, podría correr 225 millas. ¿A qué velocidad puede correr un avestruz?

$5x = 225; x = 45;$

45 millas por hora

3. En París, la capital de Francia, viven alrededor de 2,000,000 de personas. Eso es 80 veces más que la población de París, Texas. ¿Cuántas personas viven en París, Texas?

$80x = 2,000,000; x = 25,000;$

25,000 personas

4. Una persona promedio en China va al cine 12 veces por año. Eso es 3 veces más de lo que va al cine un estadounidense promedio. ¿Cuántas veces por año va al cine un estadounidense promedio?

$3x = 12; x = 4;$

4 veces por año

Encierra en un círculo la letra de la respuesta correcta.

5. ¡Reciclar sólo 1 tonelada de papel salva 17 árboles! Si una ciudad recicló el papel suficiente para salvar 136 árboles, ¿cuántas toneladas de papel recicló?

A 7 toneladas   (B) 8 toneladas
C 9 toneladas   D 119 toneladas

6. Las algas marinas que se encuentran a lo largo de la costa de California, llamadas kelp gigantes, crecen hasta 18 pulgadas por día. Si una planta de kelp ha crecido 162 pulgadas a este ritmo, ¿cuántos días hace que está creciendo?

F 180 días   (H) 9 días
G 144 días   J 8 días

7. La distancia entre Atlanta, Georgia y Denver, Colorado es de 1,398 millas. Es el doble de la distancia que hay entre Atlanta y Detroit, Michigan. ¿Cuántas millas habría que conducir para ir desde Atlanta hasta Detroit?

A 2,796 millas
B 349.5 millas
(C) 699 millas
D 1,400 millas

8. Júpiter tiene 2 veces más lunas que Neptuno y 8 veces más lunas que Marte. Júpiter tiene 16 lunas. ¿Cuántas lunas tienen Neptuno y Marte respectivamente?

(F) 8 lunas, 2 lunas
G 2 lunas, 8 lunas
H 128 lunas, 32 lunas
J 32 lunas, 128 lunas

Copyright © by Holt, Rinehart and Winston.
All rights reserved.
14
Holt Matemáticas

Problem Solving
Division Equations

Use the table to write and solve a division equation to answer each question.

1. How many total people signed up to play soccer in Bakersville this year?

$\frac{x}{11} = 15$; $x = 165$; 165 people

2. How many people signed up to play lacrosse this year?

$\frac{x}{6} = 17$; $x = 102$; 102 people

3. What was the total number of people who signed up to play baseball this year?

$\frac{x}{7} = 20$; $x = 140$; 140 people

4. Which two sports in the league have the same number of people signed up to play this year? How many people are signed up to play each of those sports?

volleyball and tennis; 108 people

Bakersville Sports League

Sport	Number of Teams	Players on Each Team
Baseball	7	20
Soccer	11	15
Football	8	24
Volleyball	12	9
Lacrosse	6	17
Basketball	10	10
Tennis	18	6

Circle the letter of the correct answer.

5. Which sport has a higher total number of players, football or tennis? How many more players?

A football; 10 players
B tennis; 144 players
C football; 84 players
D tennis; 18 players

6. Only one sport this year has the same number of players on each team as its number of teams. Which sport is that?

F basketball
G football
H soccer
J tennis

15

Resolución de problemas
Ecuaciones con divisiones

Usa la tabla para escribir y resolver una ecuación con divisiones para responder a cada pregunta.

1. ¿Cuántas personas en total se registraron para jugar al fútbol en Bakersville este año?

$\frac{x}{11} = 15$; $x = 165$; 165 personas

2. ¿Cuántas personas se registraron para jugar lacrosse este año?

$\frac{x}{6} = 17$; $x = 102$; 102 personas

3. ¿Cuál fue la cantidad total de personas que se registraron para jugar béisbol este año?

$\frac{x}{7} = 20$; $x = 140$; 140 personas

4. ¿Cuáles dos deportes de la liga tienen la misma cantidad de personas registradas para jugar este año? ¿Cuántas personas hay registradas para jugar cada uno de esos deportes?

vóleibol y tenis; 108 personas

Liga de deportes de Bakersville

Deporte	Cantidad de equipos	Jugadores por equipo
Béisbol	7	20
Fútbol	11	15
Fútbol americano	8	24
Vóleibol	12	9
Lacrosse	6	17
Básquetbol	10	10
Tenis	18	6

Encierra en un círculo la letra de la respuesta correcta.

5. ¿Qué deporte tiene una mayor cantidad total de jugadores: el fútbol americano o el tenis? ¿Cuántos jugadores más?

A fútbol americano; 10 jugadores
B tenis; 144 jugadores
C fútbol americano; 84 jugadores
D tenis; 18 jugadores

6. Este año sólo un deporte tiene la misma cantidad de jugadores por equipo que la cantidad de equipos. ¿Qué deporte es?

F básquetbol
G fútbol americano
H fútbol
J tenis

15

Problem Solving
Representing, Comparing, and Ordering Decimals

Use the table to answer the questions.

1. What is the heaviest marine mammal on Earth?

the blue whale

2. Which mammal in the table has the shortest length?

a gray whale

3. Which mammal in the table is longer than a humpback whale, but shorter than a sperm whale?

a right whale

Largest Marine Mammals

Mammal	Length (ft)	Weight (T)
Blue whale	110.0	127.95
Fin whale	82.0	44.29
Gray whale	46.0	32.18
Humpback whale	49.2	26.08
Right whale	57.4	39.37
Sperm whale	59.0	35.43

Circle the letter of the correct answer.

4. Which mammal measures forty-nine and two tenths feet long?

A blue whale
B gray whale
C sperm whale
D humpback whale

5. Which mammal weighs thirty-five and forty-three hundredths tons?

F right whale
G sperm whale
H gray whale
J fin whale

6. Which of the following lists shows mammals in order from the least weight to the greatest weight?

A sperm whale, right whale, fin whale, gray whale
B fin whale, sperm whale, gray whale, blue whale
C fin whale, right whale, sperm whale, gray whale
D gray whale, sperm whale, right whale, fin whale

7. Which of the following lists shows mammals in order from the greatest length to the least length?

F sperm whale, right whale, humpback whale, gray whale
G gray whale, humpback whale, right whale, sperm whale
H right whale, sperm whale, gray whale, humpback whale
J humpback whale, gray whale, sperm whale, right whale

16

Resolución de problemas
Cómo representar, comparar y ordenar decimales

Usa la tabla para responder a las preguntas.

1. ¿Cuál es el mamífero marino más pesado de la Tierra?

la ballena azul

2. ¿Qué mamífero de la tabla tiene la menor longitud?

la ballena gris

3. ¿Qué mamífero de la tabla es más largo que una ballena jorobada pero más corto que un cachalote?

la ballena franca

Mamíferos marinos más grandes

Mamífero	Longitud (pies)	Peso (T)
Ballena azul	110.0	127.95
Ballena de aleta	82.0	44.29
Ballena gris	46.0	32.18
Ballena jorobada	49.2	26.08
Ballena franca	57.4	39.37
Cachalote	59.0	35.43

Encierra en un círculo la letra de la respuesta correcta.

4. ¿Qué mamífero mide cuarenta y nueve pies y dos décimas de longitud?

A la ballena azul
B la ballena gris
C el cachalote
D la ballena jorobada

5. ¿Qué mamífero pesa treinta y cinco toneladas y cuarenta y tres centésimas?

F la ballena franca
G el cachalote
H la ballena gris
J la ballena de aleta

6. ¿En cuál de las siguientes listas se muestran los mamíferos en orden de menor peso a mayor peso?

A cachalote, ballena franca, ballena de aleta, ballena gris
B ballena de aleta, cachalote, ballena gris, ballena azul
C ballena de aleta, ballena franca, cachalote, ballena gris
D ballena gris, cachalote, ballena franca, ballena de aleta

7. ¿En cuál de las siguientes listas se muestran los mamíferos en orden de mayor longitud a menor longitud?

F cachalote, ballena franca, ballena jorobada, ballena gris
G ballena gris, ballena jorobada, ballena franca, cachalote
H ballena franca, cachalote, ballena gris, ballena jorobada
J ballena jorobada, ballena gris, cachalote, ballena franca

16

8
Holt Middle School Math   Course 1

Problem Solving
3-2 Estimating Decimals

Write the correct answer. Possible answers are given.

1. Men in Iceland have the highest average life expectancy in the world—76.8 years. The average life expectancy for a man in the United States is 73.1 years. About how much higher is a man's average life expectancy in Iceland? Round your answer to the nearest whole year.

__about 4 years__

2. The average life expectancy for a woman in the United States is 79.1 years. Women in Japan have the highest average life expectancy—3.4 years higher than the United States. Estimate the average life expectancy of women in Japan. Round your answer to the nearest whole year.

__about 82 years__

3. There are about 1.6093 kilometers in one mile. There are 26.2 miles in a marathon race. About how many kilometers are there in a marathon race? Round your answer to the nearest tenths.

__about 41.9 kilometers__

4. At top speed, a hornet can fly 13.39 miles per hour. About how many hours would it take a hornet to fly 65 miles? Round your answer to the nearest whole number.

__about 5 hours__

Circle the letter of the correct answer.

5. The average male human brain weighs 49.7 ounces. The average female human brain weighs 44.6 ounces. What is the difference in their weights?
   A about 95 ounces
   B about 7 ounces
   C about 5 ounces
   D about 3 ounces

6. An official hockey puck is 2.54 centimeters thick. About how thick are two hockey pucks when one is placed on top of the other?
   F about 4 centimeters
   G about 4.2 centimeters
   H about 5 centimeters
   J about 5.2 centimeters

7. Lydia earned $9.75 per hour as a lifeguard last summer. She worked 25 hours a week. About how much did she earn in 8 weeks?
   A about $250.00
   B about $2,000.00
   C about $2,500.00
   D about $200.00

8. Brent mixed 4.5 gallons of blue paint with 1.7 gallons of white paint and 2.4 gallons of red paint to make a light purple paint. About how many gallons of purple paint did he make?
   F about 9 gallons
   G about 8 gallons
   H about 10 gallons
   J about 7 gallons

17 Holt Mathematics

Problem Solving
3-3 Adding and Subtracting Decimals

Use the table to answer the questions.

Busiest Ports in the United States

Port	Imports Per Year (millions of tons)	Exports Per Year (millions of tons)
South Louisiana, LA	30.6	57.42
Houston, TX	75.12	33.43
New York, NY & NJ	53.52	8.03
New Orleans, LA	26.38	21.73
Corpus Christi, TX	52.6	7.64

1. How many more tons of imports than exports does the Port of New Orleans handle each year?

__4.65 million tons__

2. How many tons of imports and exports are shipped through the port of Houston, Texas, each year in all?

__108.55 million tons__

Circle the letter of the correct answer.

3. Which port ships 0.39 more tons of exports each year than the port at Corpus Christi, Texas?
   A Houston
   B NY & NJ
   C New Orleans
   D South Louisiana

4. What is the difference between the imports and exports shipped in and out of Corpus Christi's port each year?
   F 45.04 million tons
   G 44.94 million tons
   H 44.96 million tons
   J 44.06 million tons

5. What is the total amount of imports shipped into the nation's 5 busiest ports each year?
   A 238.22 million tons
   B 366.47 million tons
   C 128.25 million tons
   D 109.97 million tons

6. What is the total amount of exports shipped out of the nation's 5 busiest ports each year?
   F 366.47 million tons
   G 128.25 million tons
   H 109.97 million tons
   J 238.22 million tons

18 Holt Mathematics

Resolución de problemas
3-2 Cómo estimar decimales

Escribe la respuesta correcta. Se dan respuestas posibles.

1. Los hombres de Islandia tienen la expectativa de vida promedio más alta del mundo: 76.8 años. La expectativa de vida promedio de un hombre en Estados Unidos es 73.1 años. ¿Aproximadamente cuánto más alta es la expectativa de vida promedio de un hombre en Islandia? Redondea tu respuesta al año cabal más cercano.

__aproximadamente 4 años__

2. La expectativa de vida promedio de una mujer en Estados Unidos es 79.1 años. Las mujeres de Japón tienen la expectativa de vida promedio más alta: 3.4 años más alta que la de Estados Unidos. Estima la expectativa de vida promedio de las mujeres de Japón. Redondea tu respuesta al año cabal más cercano.

__aproximadamente 82 años__

3. En una milla hay aproximadamente 1.6093 kilómetros. En un maratón hay 26.2 millas. ¿Aproximadamente cuántos kilómetros hay en un maratón? Redondea tu respuesta a las décimas más cercanas.

__aproximadamente 41.9 kilómetros__

4. La velocidad máxima que alcanza un avispón es 13.39 millas por hora. ¿Aproximadamente cuántas horas tardaría un avispón en volar 65 millas? Redondea tu respuesta al número cabal más cercano.

__aproximadamente 5 horas__

Encierra en un círculo la letra de la respuesta correcta.

5. El cerebro humano masculino promedio pesa 49.7 onzas. El cerebro humano femenino promedio pesa 44.6 onzas. ¿Cuál es la diferencia de los pesos?
   A alrededor de 95 onzas
   B alrededor de 7 onzas
   C alrededor de 5 onzas
   D alrededor de 3 onzas

6. Un disco de hockey oficial mide 2.54 centímetros de espesor. ¿Aproximadamente cuál es el espesor de dos discos de hockey cuando se colocan uno sobre el otro?
   F alrededor de 4 centímetros
   G alrededor de 4.2 centímetros
   H alrededor de 5 centímetros
   J alrededor de 5.2 centímetros

7. Lydia ganó $9.75 por hora como salvavidas el verano pasado. Trabajó 25 horas por semana. ¿Aproximadamente cuánto ganó en 8 semanas?
   A alrededor de $250.00
   B alrededor de $2,000.00
   C alrededor de $2,500.00
   D alrededor de $200.00

8. Brent mezcló 4.5 galones de pintura azul con 1.7 galones de pintura blanca y 2.4 galones de pintura roja para formar una pintura de color morado claro. ¿Aproximadamente cuántos galones de pintura de color morado formó?
   F alrededor de 9 galones
   G alrededor de 8 galones
   H alrededor de 10 galones
   J alrededor de 7 galones

17 Holt Matemáticas

Resolución de problemas
3-3 Cómo sumar y restar decimales

Usa la tabla para responder a las preguntas.

Puertos con mayor actividad en Estados Unidos

Puerto	Importaciones por año (millones de toneladas)	Exportaciones por año (millones de toneladas)
South Louisiana, LA	30.6	57.42
Houston, TX	75.12	33.43
Nueva York, NY & NJ	53.52	8.03
Nueva Orleans, LA	26.38	21.73
Corpus Christi, TX	52.6	7.64

1. ¿Cuántas toneladas más de importaciones que de exportaciones maneja el puerto de Nueva Orleans por año?

__4.65 millones de toneladas__

2. ¿Cuántas toneladas de importaciones y exportaciones se envían en total a través del puerto de Houston, Texas por año?

__108.55 millones de toneladas__

Encierra en un círculo la letra de la respuesta correcta.

3. ¿Qué puerto envía 0.39 toneladas más de exportaciones por año que el puerto de Corpus Christi, Texas?
   A Houston
   B NY & NJ
   C Nueva Orleans
   D South Louisiana

4. ¿Cuál es la diferencia entre las importaciones y las exportaciones enviadas y hacia el puerto de Corpus Christi cada año?
   F 45.04 millones de toneladas
   G 44.94 millones de toneladas
   H 44.96 millones de toneladas
   J 44.06 millones de toneladas

5. ¿Cuál es la cantidad total de importaciones enviadas por año a los 5 puertos con mayor actividad del país?
   A 238.22 millones de toneladas
   B 366.47 millones de toneladas
   C 128.25 millones de toneladas
   D 109.97 millones de toneladas

6. ¿Cuál es la cantidad total de exportaciones enviadas por año desde los 5 puertos con mayor actividad del país?
   F 366.47 millones de toneladas
   G 128.25 millones de toneladas
   H 109.97 millones de toneladas
   J 238.22 millones de toneladas

18 Holt Matemáticas

Write the correct answer.

1. The closest comet to approach Earth was called Lexell. On July 1, 1770, Lexell was observed about 874,200 miles from Earth's surface. Write this distance in scientific notation.

   $8.742 \cdot 10^5$

2. Scientists estimate that it would take $1.4 \cdot 10^{10}$ years for light from the edge of our universe to reach Earth. How many years is that written in standard form?

   14,000,000,000 years

3. In the United States, about 229,000,000 people speak English. About 18,000,000 people speak English in Canada. Write in scientific notation the total number of English speaking people in the United States and Canada.

   $2.47 \cdot 10^8$ people

4. South Africa is the top gold-producing country in the world. Each year it produces $4.688 \cdot 10^8$ tons of gold! Written in standard form, how many tons of gold does South African produce each year?

   468,800,000 tons

Circle the letter of the correct answer.

5. About $3.012 \cdot 10^6$ people visit Yellowstone National Park each year. What is that figure written in standard form?
   A 30,120,000 people
   B 3,012,000 people *(circled)*
   C 301,200 people
   D 30,120 people

6. In 2000, farmers in Iowa grew 1,740,000 bushels of corn. What is this amount written in scientific notation?
   F $1.7 \cdot 10^5$
   G $1.74 \cdot 10^5$
   H $1.74 \cdot 10^6$ *(circled)*
   J $1.74 \cdot 10^7$

7. The temperature at the core of the Sun reaches 27,720,000°F. What is this temperature written in scientific notation?
   A $2.7 \cdot 10^7$
   B $2.72 \cdot 10^7$
   C $2.772 \cdot 10^6$
   D $2.772 \cdot 10^7$ *(circled)*

8. Your body is constantly producing red blood cells—about $1.73 \cdot 10^{11}$ cells a day. How many blood cells is that written in standard form?
   F 173,000,000 cells
   G 17,300,000,000 cells
   H 173,000,000,000 cells *(circled)*
   J 1,730,000,000,000 cells

19

Escribe la respuesta correcta.

1. El cometa que más se aproximó a la Tierra fue el cometa Lexell. El 1 de julio de 1770, Lexell fue observado a alrededor de 874,200 millas de la superficie terrestre. Escribe esta distancia en notación científica.

   $8.742 \cdot 10^5$

2. Los científicos estiman que le llevaría $1.4 \cdot 10^{10}$ años a la luz del confín de nuestro universo alcanzar la Tierra. ¿Cuántos años son escritos en forma estándar?

   14,000,000,000 de años

3. Aproximadamente 229,000,000 de personas hablan inglés en Estados Unidos. Aproximadamente 18,000,000 de personas hablan inglés en Canadá. Escribe la cantidad total de personas que hablan inglés en Estados Unidos y Canadá en notación científica.

   $2.47 \cdot 10^8$ personas

4. Sudáfrica es el país que más oro produce en el mundo. ¡Cada año produce $4.688 \cdot 10^8$ toneladas de oro! Escrito en forma estándar, ¿cuántas toneladas de oro produce Sudáfrica por año?

   468,800,000 toneladas

Encierra en un círculo la letra de la respuesta correcta.

5. Aproximadamente $3.012 \cdot 10^6$ personas visitan el Parque Nacional de Yellowstone cada año. ¿Cuál es esa cifra escrita en forma estándar?
   A 30,120,000 personas
   B 3,012,000 personas *(circled)*
   C 301,200 personas
   D 30,120 personas

6. En 2000, los agricultores de Iowa cultivaron 1,740,000 fanegas de maíz. ¿Cuál es esta cantidad escrita en notación científica?
   F $1.7 \cdot 10^5$
   G $1.74 \cdot 10^5$
   H $1.74 \cdot 10^6$ *(circled)*
   J $1.74 \cdot 10^7$

7. La temperatura en el núcleo del Sol alcanza los 27,720,000° F. ¿Cuál es esta temperatura escrita en notación científica?
   A $2.7 \cdot 10^7$
   B $2.72 \cdot 10^7$
   C $2.772 \cdot 10^6$
   D $2.772 \cdot 10^7$ *(circled)*

8. Tu cuerpo produce glóbulos rojos constantemente: aproximadamente $1.73 \cdot 10^{11}$ glóbulos por día. ¿Cuántos glóbulos rojos son, escritos en forma estándar?
   F 173,000,000 glóbulos
   G 17,300,000,000 glóbulos
   H 173,000,000,000 glóbulos *(circled)*
   J 1,730,000,000,000 glóbulos

19

Use the table to answer the questions.

United States Minimum Wage	
Year	Hourly Rate
1940	$0.30
1950	$0.75
1960	$1.00
1970	$1.60
1980	$3.10
1990	$3.80
2000	$5.15

1. At the minimum wage, how much did a person earn for a 40-hour workweek in 1950?

   $30.00

2. At the minimum wage, how much did a person earn for working 25 hours in 1970?

   $40.00

3. If you had a minimum-wage job in 1990, and worked 15 hours a week, how much would you have earned each week?

   $57.00

4. About how many times higher was the minimum wage in 1960 than in 1940?

   about 3 times

Circle the letter for the correct answer.

5. Ted's grandfather had a minimum-wage job in 1940. He worked 40 hours a week for the entire year. How much did Ted's grandfather earn in 1940?
   A $12.00
   B $624.00 *(circled)*
   C $642.00
   D $6,240.00

6. Marci's mother had a minimum-wage job in 1980. She worked 12 hours a week. How much did Marci's mother earn each week?
   F $3.72
   G $37.00
   H $37.10
   J $37.20 *(circled)*

7. Having one dollar in 1960 is equivalent to having $5.82 today. If you worked 40 hours a week in 1960 at minimum wage, how much would your weekly earnings be worth today?
   A $40.00
   B $5.82
   C $232.80 *(circled)*
   D $2,328.00

8. In 2000, Cindy had a part-time job at a florist, where she earned minimum wage. She worked 18 hours each week for the whole year. How much did she earn from this job in 2000?
   F $927.00
   G $4,820.40 *(circled)*
   H $10,712.00
   J $2,142.40

20

Usa la tabla para responder a las preguntas.

Salario mínimo en Estados Unidos	
Año	Tarifa por hora
1940	$0.30
1950	$0.75
1960	$1.00
1970	$1.60
1980	$3.10
1990	$3.80
2000	$5.15

1. Con el salario mínimo, ¿cuánto ganaba una persona por una semana de trabajo de 40 horas en 1950?

   $30.00

2. Con el salario mínimo, ¿cuánto ganaba una persona por trabajar 25 horas en 1970?

   $40.00

3. Si hubieras tenido un empleo de salario mínimo en 1990 y hubieras trabajado 15 horas por semana, ¿cuánto habrías ganado por semana?

   $57.00

4. ¿Aproximadamente cuántas veces más alto era el salario mínimo en 1960 que en 1940?

   aproximadamente 3 veces

Encierra en un círculo la letra de la respuesta correcta.

5. El abuelo de Ted tenía un empleo de salario mínimo en 1940. Trabajaba 40 horas por semana durante todo el año. ¿Cuánto ganaba el abuelo de Ted en 1940?
   A $12.00
   B $624.00 *(circled)*
   C $642.00
   D $6,240.00

6. La madre de Marci tenía un empleo de salario mínimo en 1980. Trabajaba 12 horas por semana. ¿Cuánto ganaba la madre de Marci por semana?
   F $3.72
   G $37.00
   H $37.10
   J $37.20 *(circled)*

7. Tener un dólar en 1960 equivaldría a tener $5.82 hoy. Si trabajabas 40 horas por semana en 1960 con un salario mínimo, ¿cuánto valdrían tus ingresos semanales hoy?
   A $40.00
   B $5.82
   C $232.80 *(circled)*
   D $2,328.00

8. En 2000, Cindy tenía un empleo de medio tiempo en una florería, donde ganaba el salario mínimo. Trabajó 18 horas por semana durante todo el año. ¿Cuánto ganó por este empleo en 2000?
   F $927.00
   G $4,820.40 *(circled)*
   H $10,712.00
   J $2,142.40

20

10

LESSON 3-6 Problem Solving
Dividing Decimals by Whole Numbers

Write the correct answer.

1. Four friends had lunch together. The total bill for lunch came to $33.40, including tip. If they shared the bill equally, how much did they each pay?

   $8.35

2. There are 7.2 milligrams of iron in a dozen eggs. Because there are 12 eggs in a dozen, how many milligrams of iron are in 1 egg?

   0.6 milligrams

3. Kyle bought a sheet of lumber 8.7 feet long to build fence rails. He cut the strip in 3 equal pieces. How long is each piece?

   2.9 feet

4. An albatross has a wingspan greater than the length of a car—3.7 meters! Wingspan is the length from the tip of one wing to the tip of the other wing. What is the length of each albatross wing (assuming wing goes from center of body)?

   1.85 meters

Circle the letter of the correct answer.

5. The City Zoo feeds its three giant pandas 181.5 pounds of bamboo shoots every day. Each panda is fed the same amount of bamboo. How many pounds of bamboo does each panda eat every day?
   - A 6.05 pounds
   - (B) 60.5 pounds
   - C 61.5 pounds
   - D 605 pounds

6. Emma bought 22.5 yards of cloth to make curtains for two windows in her apartment. She used the same amount of cloth on each window. How much cloth did she use to make each set of curtains?
   - F 1.125 yards
   - G 10.25 yards
   - (H) 11.25 yards
   - J 11.52 yards

7. Aerobics classes cost $153.86 for 14 sessions. What is the fee for one session?
   - (A) $10.99
   - B $1.99
   - C about $25.00
   - D about $20.00

8. An entire apple pie has 36.8 grams of saturated fat. If the pie is cut into 8 slices, how many grams of saturated fat are in each slice?
   - F 4.1 grams
   - G 0.46 grams
   - (H) 4.6 grams
   - J 4.11 grams

21   Holt Mathematics

LECCIÓN 3-6 Resolución de problemas
Cómo dividir decimales entre números cabales

Escribe la respuesta correcta.

1. Cuatro amigos almorzaron juntos. La cuenta total del almuerzo sumó $33.40, incluida la propina. Si dividieron la cuenta en partes iguales, ¿cuánto pagó cada uno?

   $8.35

2. Hay 7.2 miligramos de hierro en una docena de huevos. Como hay 12 huevos en una docena, ¿cuántos miligramos de hierro hay en 1 huevo?

   0.6 miligramos

3. Kyle compró una lámina de madera de 8.7 pies de largo para construir barras para un cerco. Cortó la tira en 3 partes iguales. ¿Cuánto mide cada parte?

   2.9 pies

4. Un albatros tiene una envergadura mayor que la longitud de un automóvil: ¡3.7 metros! La envergadura es la longitud desde el extremo de un ala hasta el extremo de la otra ala. ¿Cuál es la longitud de cada ala de un albatros (suponiendo que el ala va desde el centro del cuerpo)?

   1.85 metros

Encierra en un círculo la letra de la respuesta correcta.

5. El zoológico de la ciudad alimenta a sus tres pandas gigantes con 181.5 libras de brotes de bambú por día. Cada panda recibe la mima cantidad de bambú. ¿Cuántas libras de bambú come cada panda por día?
   - A 6.05 libras
   - (B) 60.5 libras
   - C 61.5 libras
   - D 605 libras

6. Emma compró 22.5 yardas de tela para hacer cortinas para dos ventanas de su apartamento. Usó la misma cantidad de tela para cada ventana. ¿Cuánta tela usó para hacer cada juego de cortinas?
   - F 1.125 yardas
   - G 10.25 yardas
   - (H) 11.25 yardas
   - J 11.52 yardas

7. Las clases de gimnasia aeróbica cuestan $153.86 por 14 sesiones. ¿Cuál es la tarifa para una sesión?
   - (A) $10.99
   - B $1.99
   - C alrededor de $25.00
   - D alrededor de $20.00

8. Un pastel de manzanas entero tiene 36.8 gramos de grasas saturadas. Si el pastel se corta en 8 porciones, ¿cuántos gramos de grasas saturadas hay en cada porción?
   - F 4.1 gramos
   - G 0.46 gramos
   - (H) 4.6 gramos
   - J 4.11 gramos

21   Holt Matemáticas

LESSON 3-7 Problem Solving
Dividing by Decimals

Write the correct answer.

1. Jamal spent $6.75 on wire to build a rabbit hutch. Wire costs $0.45 per foot. How many feet of wire did Jamal buy?

   15 feet

2. Peter drove 195.3 miles in 3.5 hours. On average, how many miles per hour did he drive?

   55.8 miles per hour

3. Lisa's family drove 830.76 miles to visit her grandparents. Lisa calculated that they used 30.1 gallons of gas. How many miles per gallon did the car average?

   27.6 miles per gallon

4. A chef bought 84.5 pounds of ground beef. He uses 0.5 pound of ground beef for each hamburger. How many hamburgers can he make?

   169 hamburgers

Circle the letter of the correct answer.

5. Mark earned $276.36 for working 23.5 hours last week. He earned the same amount of money for each hour that he worked. What is Mark's hourly rate of pay?
   - A $1.17
   - B $10.76
   - (C) $11.76
   - D $117.60

6. Alicia wants to cover a section of her wall that is 2 feet wide and 12 feet long with mirrors. Each mirror tile is 2 feet wide and 1.5 feet long. How many mirror tiles does she need to cover that section?
   - F 4 tiles
   - G 6 tiles
   - (H) 8 tiles
   - J 12 tiles

7. John ran the city marathon in 196.5 minutes. The marathon is 26.2 miles long. On average, how many miles per hour did John run the race?
   - A 7 miles per hour
   - B 6.2 miles per hour
   - (C) 7.5 miles per hour
   - D 5.5 miles per hour

8. Shaneeka is saving $5.75 of her allowance each week to buy a new camera that costs $51.75. How many weeks will she have to save to have enough money to buy it?
   - (F) 9 weeks
   - G 9.5 weeks
   - H 8.1 weeks
   - J 8 weeks

22   Holt Mathematics

LECCIÓN 3-7 Resolución de problemas
Cómo dividir entre decimales

Escribe la respuesta correcta.

1. Jamal gastó $6.75 en alambre para construir una conejera. El alambre cuesta $0.45 por pie. ¿Cuántos pies de alambre compró Jamal?

   15 pies

2. Peter condujo 195.3 millas en 3.5 horas. En promedio, ¿cuántas millas por hora condujo?

   55.8 millas por hora

3. La familia de Lisa recorrió 830.76 millas para visitar a sus abuelos. Lisa calculó que usaron 30.1 galones de gasolina. ¿Cuántas millas por galón recorrió el automóvil en promedio?

   27.6 millas por galón

4. Un chef compró 84.5 libras de carne molida. Usa 0.5 libra de carne molida por hamburguesa. ¿Cuántas hamburguesas puede hacer?

   169 hamburguesas

Encierra en un círculo la letra de la respuesta correcta.

5. Mark ganó $276.36 por trabajar 23.5 horas la semana pasada. Ganó la misma cantidad de dinero por cada hora que trabajó. ¿Cuánto cobra Mark por hora?
   - A $1.17
   - B $10.76
   - (C) $11.76
   - D $117.60

6. Alicia quiere cubrir con espejos un sector de pared que mide 2 pies de ancho y 12 pies de largo. Cada lámina de espejo mide 2 pies de ancho y 1.5 pies de largo. ¿Cuántas láminas de espejo necesita para cubrir ese sector?
   - F 4 láminas
   - G 6 láminas
   - (H) 8 láminas
   - J 12 láminas

7. John corrió el maratón de la ciudad en 196.5 minutos. El maratón mide 26.2 millas de largo. En promedio, ¿a cuántas millas por hora corrió John?
   - A 7 millas por hora
   - B 6.2 millas por hora
   - (C) 7.5 millas por hora
   - D 5.5 millas por hora

8. Shaneeka ahorra $5.75 de su mesada por semana para comprar una nueva cámara que cuesta $51.75. ¿Cuántas semanas tendrá que ahorrar para tener el dinero suficiente para comprar la cámara?
   - (F) 9 semanas
   - G 9.5 semanas
   - H 8.1 semanas
   - J 8 semanas

22   Holt Matemáticas

Problem Solving
3-8 Interpret the Quotient

Write the correct answer.

1. Five friends split a pizza that costs $16.75. If they shared the bill equally, how much did they each pay?

$3.35

2. There are 45 choir members going to the recital. Each van can carry 8 people. How many vans are needed?

6 vans

3. Tara bought 150 beads. She needs 27 beads to make each necklace. How many necklaces can she make?

5 necklaces

4. Cat food costs $2.85 for five cans. Ben only wants to buy one can. How much will it cost?

$0.57

Circle the letter of the correct answer.

5. Tennis balls come in cans of 3. The coach needs 50 tennis balls for practice. How many cans should he order?

   A 16 cans
   (B) 17 cans
   C 18 cans
   D 20 cans

6. The rainfall for three months was 4.6 inches, 3.5 inches, and 4.2 inches. What was the average monthly rainfall during that time?

   F 41 inches
   G 12.3 inches
   H 4.3 inches
   (J) 4.1 inches

7. Tom has $15.86 to buy marbles that cost $1.25 each. He wants to know how many marbles he can buy. What should he do after he divides?

   (A) Drop the decimal part of the quotient when he divides.
   B Drop the decimal part of the dividend when he divides.
   C Round the quotient up to the next highest whole number to divide.
   D Use the entire quotient of his division as the answer.

8. Mei needs 135 hot dog rolls for the class picnic. The rolls come in packs of 10. She wants to know how many packs to buy. What should she do after she divides?

   F Drop the decimal part of the quotient when she divides.
   G Drop the decimal part of the dividend when she divides.
   (H) Round the quotient up to the next highest whole number.
   J Use the entire quotient of her division as the answer.

23
Holt Mathematics

Resolución de problemas
3-8 Interpretar el cociente

Escribe la respuesta correcta.

1. Cinco amigos compartieron una pizza que cuesta $16.75. Si dividieran la cuenta en partes iguales, ¿cuánto pagó cada uno?

$3.35

2. Van 45 miembros del coro al recital. Cada camioneta puede llevar a 8 personas. ¿Cuántas camionetas se necesitan?

6 camionetas

3. Tara compró 150 cuentas. Necesita 27 cuentas para hacer un collar. ¿Cuántos collares puede hacer?

5 collares

4. La comida para gatos cuesta $2.85 por cinco latas. Ben sólo quiere comprar una lata. ¿Cuánto costará?

$0.57

Encierra en un círculo la letra de la respuesta correcta.

5. Las pelotas de tenis vienen en latas de 3. El entrenador necesita 50 pelotas de tenis para la práctica. ¿Cuántas latas debe ordenar?

   A 16 latas
   (B) 17 latas
   C 18 latas
   D 20 latas

6. Las precipitaciones de tres meses fueron de 4.6 pulgadas, 3.5 pulgadas y 4.2 pulgadas. ¿Cuál fue el promedio mensual de precipitaciones durante ese tiempo?

   F 41 pulgadas
   G 12.3 pulgadas
   H 4.3 pulgadas
   (J) 4.1 pulgadas

7. Tom tiene $15.86 para comprar canicas que cuestan $1.25 cada una. Quiere saber cuántas canicas puede comprar. ¿Qué debe hacer después de dividir?

   (A) Omitir la parte decimal del cociente cuando divide.
   B Omitir la parte decimal del dividendo cuando divide.
   C Redondear el cociente al siguiente número cabal más alto para dividir.
   D Usar el cociente entero de su división como respuesta.

8. Mei necesita 135 panes de perritos calientes para el picnic de la clase. Los panes vienen en paquetes de 10. Quiere saber cuántos paquetes comprar. ¿Qué debe hacer después de dividir?

   F Omitir la parte decimal del cociente cuando divide.
   G Omitir la parte decimal del dividendo cuando divide.
   (H) Redondear el cociente al siguiente número cabal más alto.
   J Usar el cociente entero de su división como respuesta.

23
Holt Matemáticas

Problem Solving
3-9 Solving Decimal Equations

Write the correct answer.

1. Bee hummingbirds weigh only 0.0056 ounces. They have to eat half their body weight every day to survive. How much food does a bee hummingbird have to eat each day?

0.0028 ounces

2. The desert locust, a type of grasshopper, can jump 10 times the length of its body. The locust is 1.956 inches long. How far can it jump in one leap?

19.56 inches

3. In 1900, there were about 1.49 million people living in California. In 2000, the population was 33.872 million. How much did the population grow between 1900 and 2000?

by 32.382 million

4. Juanita has $567.89 in her checking account. After she deposited her paycheck and paid her rent of $450.00, she had $513.82 left in the account. How much was her paycheck?

$395.93

Circle the letter of the correct answer.

5. The average body temperature for people is 98.6°F. The average body temperature for most dogs is 3.4°F higher than for people. The average body temperature for cats is 0.5°F lower than for dogs. What is the normal body temperature for dogs and cats?

   A dogs: 101.5°F; cats 102°F
   (B) dogs: 102°F; cats 101.5°F
   C dogs: 102.5°F; cats 103°F
   D dogs: 102.5°F; cats 102.5°F

6. Seattle, Washington, is famous for its rainy climate. Winter is the rainiest season there. From November through December the city gets an average of 5.85 inches of rain each month. Seattle usually gets 6 inches of rain in December. What is the city's average rainfall in November?

   F 6 inches
   G 5.925 inches
   H 5.8 inches
   (J) 5.7 inches

7. The equation to convert from Celsius to Kelvin degrees is $K = 273.16 + C$. If it is 303.66°K outside, what is the temperature in Celsius degrees?

   A 576.82°C
   (B) 30.5°C
   C 305°C
   D 257.68°C

8. The distance around a square mirror is 6.8 feet. Which of the following equations finds the length of each side of the mirror?

   F $6.8 - x = 4$
   G $x \div 4 = 6.8$
   (H) $4x = 6.8$
   J $6.8 + 4 = x$

24
Holt Mathematics

Resolución de problemas
3-9 Cómo resolver ecuaciones decimales

Escribe la respuesta correcta.

1. Los colibríes pesan solamente 0.0056 onzas. Deben comer la mitad de su peso corporal cada día para sobrevivir. ¿Cuánto alimento debe comer un colibrí por día?

0.0028 onzas

2. La langosta del desierto, un tipo de saltamontes, puede saltar 10 veces la longitud de su cuerpo. La langosta mide 1.956 pulgadas de largo. ¿Cuánto puede saltar de una vez?

19.56 pulgadas

3. En 1900, en California vivían aproximadamente 1.49 millones de personas. En 2000, la población era de 33.872 millones de personas. ¿Cuánto creció la población entre 1900 y 2000?

32.382 millones de personas

4. Juanita tiene $567.89 en su cuenta corriente. Después de depositar el cheque de su sueldo y pagar la renta de $450.00, le quedaban $513.82 en la cuenta. ¿De cuánto fue el cheque de su sueldo?

$395.93

Encierra en un círculo la letra de la respuesta correcta.

5. La temperatura promedio del cuerpo humano es de 98.6° F. La temperatura promedio del cuerpo de la mayoría de los perros es 3.4° F más elevada que la del cuerpo humano. La temperatura promedio del cuerpo de los gatos es 0.5° F menor que la de los perros. ¿Cuál es la temperatura normal del cuerpo de los perros y los gatos?

   A perros: 101.5° F; gatos 102° F
   (B) perros: 102° F; gatos 101.5° F
   C perros: 102.5° F; gatos 103° F
   D perros: 102.5° F; gatos 102.5° F

6. Seattle, Washington es famosa por su clima lluvioso. El invierno es la estación más lluviosa allí. De noviembre a diciembre la ciudad recibe un promedio de 5.85 pulgadas de lluvia cada mes. Seattle normalmente recibe 6 pulgadas de lluvia en diciembre. ¿Cuál es el promedio de precipitaciones en noviembre?

   F 6 pulgadas
   G 5.925 pulgadas
   H 5.8 pulgadas
   (J) 5.7 pulgadas

7. La ecuación para convertir de grados Celsius a grados Kelvin es $K = 273.16 + C$. Si hace 303.66° K afuera, ¿cuál es la temperatura en grados Celsius?

   A 576.82° C   C 305° C
   (B) 30.5° C   D 257.68° C

8. La distancia alrededor de un espejo cuadrado es 6.8 pies. ¿Cuál de las siguientes ecuaciones sirve para hallar la longitud de cada lado del espejo?

   F $6.8 - x = 4$
   G $x \div 4 = 6.8$
   (H) $4x = 6.8$
   J $6.8 + 4 = x$

24
Holt Matemáticas

12
Holt Middle School Math   Course 1

Use the table to answer the questions.

1. Which city's subway has a length that is a prime number of miles?

   Seoul, South Korea

2. Which subway could be evenly broken into sections of 2 miles each?

   Moscow, Russia

3. Which subways could be evenly broken into sections of 5 miles each?

   Paris, France, and

   Tokyo, Japan

Subways Around the World

City, Country	Length (mi)
New York, U.S.	247
Mexico City, Mexico	111
Paris, France	125
Moscow, Russia	152
Seoul, South Korea	83
Tokyo, Japan	105

Circle the letter of the correct answer.

4. Which subway's length is divisible by 4 miles?
   A New York, United States
   B Paris, France
   C Tokyo, Japan
   (D) Moscow, Russia

5. Which subway's length is not a prime number, but is also not divisible by 2, 3, 4, 5, 6, or 9?
   F Mexico City, Mexico
   (G) New York, United States
   H Seoul, South Korea
   J Paris, France

6. The subway in Hong Kong, China, has a length that is a prime number of miles. Which of the following is its length?
   A 260 miles
   B 268 miles
   (C) 269 miles
   D 265 miles

7. The subway in St. Petersburg, Russia, has a length that is divisible by 3 miles. Which of the following is its length?
   (F) 57 miles
   G 56 miles
   H 55 miles
   J 58 miles

25

Usa la tabla para responder a las preguntas.

1. ¿Qué metro tiene una longitud que es un número primo de millas?

   Seúl, Corea del Sur

2. ¿Qué metro podría dividirse en tramos iguales de 2 millas cada uno?

   Moscú, Rusia

3. ¿Qué metros podrían dividirse en tramos iguales de 5 millas cada uno?

   París, Francia y Tokio, Japón

Metros del mundo

Ciudad, país	Longitud (mi)
Nueva York, EE.UU.	247
Ciudad de México, México	111
París, Francia	125
Moscú, Rusia	152
Seúl, Corea del Sur	83
Tokio, Japón	105

Encierra en un círculo la letra de la respuesta correcta.

4. ¿Qué metro tiene una longitud divisible por 4 millas?
   A Nueva York, Estados Unidos
   B París, Francia
   C Tokio, Japón
   (D) Moscú, Rusia

5. ¿La longitud de qué metro no es un número primo pero tampoco es divisible por 2, 3, 4, 5, 6 ó 9?
   F Ciudad de México, México
   (G) Nueva York, Estados Unidos
   H Seúl, Corea del Sur
   J París, Francia

6. El metro de Hong Kong, China, tiene una longitud que es un número primo de millas. ¿Cuál de las siguientes opciones es su longitud?
   A 260 millas
   B 268 millas
   (C) 269 millas
   D 265 millas

7. El metro de San Petersburgo, Rusia, tiene una longitud que es divisible por 3 millas. ¿Cuál de las siguientes opciones es su longitud?
   (F) 57 millas
   G 56 millas
   H 55 millas
   J 58 millas

25

Write the correct answer.

1. The area of a rectangle is the product of its length and width. If a rectangular board has an area of 30 square feet, what are the possible measurements of its length and width?

   1, 2, 3, 5, 6, 10, 15,

   or 30 feet

2. The first-floor apartments in Jenna's building are numbered 100 to 110. How many apartments on that floor are a prime number? What are those apartment numbers?

   4 apartments;

   101, 103, 107, and 109

3. A Russian mathematician named Christian Goldbach came up with a theory that every even number greater than 4 can be written as the sum of two odd primes. Test Goldbach's theory with the numbers 6 and 50. **Possible answers:**

   6 = 3 + 3;

   50 = 19 + 31

4. Mr. Samuels has 24 students in his math class. He wants to divide the students into equal groups, and he wants the number of students in each group to be prime. What are his choices for group sizes? How many groups can he make?

   12 groups of 2 students each

   or 8 groups of 3 students each

Circle the letter of the correct answer.

5. Why is 2 the only even prime number?
   A It is the smallest prime number.
   (B) All other even numbers are divisible by 2.
   C It only has 1 and 2 as factors.
   D All odd numbers are prime.

6. What prime numbers are factors of both 60 and 105?
   F 2 and 3
   G 2 and 5
   (H) 3 and 5
   J 5 and 7

7. If a composite number has the first five prime numbers as factors, what is the smallest number it could be? Write that number's prime factorization.
   A 30
   B 210
   (C) 2,310
   D 30,030

8. Tim's younger brother, Bryant, just had a birthday. Bryant's age only has one factor, and is not a prime number. How old is Bryant?
   F 10 years old
   G 7 years old
   H 3 years old
   (J) 1 year old

26

Escribe la respuesta correcta.

1. El área de un rectángulo es el producto de su longitud por su ancho. Si un tablero rectangular tiene un área de 30 pies cuadrados, ¿cuáles son las posibles medidas de longitud y ancho?

   1, 2, 3, 5, 6, 10, 15,

   ó 30 pies

2. Los apartamentos del primer piso del edificio de Jenna están numerados del 100 al 110. ¿Cuántos apartamentos de ese piso son un número primo? ¿Cuáles son los números de esos apartamentos?

   4 apartamentos; 101, 103, 107, y 109

3. Un matemático ruso llamado Christian Goldbach presentó una teoría de que todo número par mayor que 4 puede escribirse como la suma de dos primos impares. Prueba la teoría de Goldbach con los números 6 y 50. **Respuestas posibles:**

   6 = 3 + 3;

   50 = 19 + 31

4. En la clase de matemáticas del maestro Samuels hay 24 estudiantes. Quiere dividir a los estudiantes en grupos iguales y quiere que el número de estudiantes en cada grupo sea primo. ¿Qué opciones de tamaño de grupo tiene? ¿Cuántos grupos puede formar?

   12 grupos de 2 estudiantes cada uno

   u 8 grupos de 3 estudiantes cada uno

Encierra en un círculo la letra de la respuesta correcta.

5. ¿Por qué 2 es el único número primo par?
   A Es el número primo más pequeño.
   (B) Todos los demás números pares son divisibles por 2.
   C Sus únicos factores son 1 y 2.
   D Todos los números impares son primos.

6. ¿Qué números primos son factores de 60 y de 105?
   F 2 y 3
   G 2 y 5
   (H) 3 y 5
   J 5 y 7

7. Si un número compuesto tiene los cinco primeros números primos como factores, ¿qué número más pequeño podría ser? Escribe la factorización prima de ese número.
   A 30
   B 210
   (C) 2,310
   D 30,030

8. El hermano menor de Tim, Bryant, acaba de cumplir años. La edad de Bryant tiene un solo factor y no es un número primo. ¿Qué edad tiene Bryant?
   F 10 años
   G 7 años
   H 3 años
   (J) 1 años

26

13 **Holt Middle School Math   Course 1**

Problem Solving
Greatest Common Factor

Write the correct answer.

1. Carolyn has 24 bottles of shampoo, 36 tubes of hand lotion, and 60 bars of lavender soap to make gift baskets. She wants to have the same number of each item in every basket. What is the greatest number of baskets she can make without having any of the items left over?

   12 baskets

2. There are 40 girls and 32 boys who want to participate in the relay race. If each team must have the same number of girls and boys, what is the greatest number of teams that can race? How many boys and girls will be on each team?

   8 teams with 5 girls and 4 boys each

3. Ming has 15 quarters, 30 dimes, and 48 nickels. He wants to group his money so that each group has the same number of each coin. What is the greatest number of groups he can make? How many of each coin will be in each group? How much money will each group be worth?

   3 groups with 5 quarters, 10 dimes, and 16 nickels each; $3.05

4. A gardener has 27 tulip bulbs, 45 tomato plants, 108 rose bushes, and 126 herb seedlings to plant in the city garden. He wants each row of the garden to have the same number of each kind of plant. What is the greatest number of rows that the gardener can make if he uses all the plants?

   9 rows

Circle the letter of the correct answer.

5. Kim packed 6 boxes with identical supplies. It was the greatest number she could pack and use all the supplies. Which of these is her supply list?
   A 24 pencils, 36 pens, 10 rulers
   B 12 rulers, 30 pencils, 45 pens
   C 42 pencils, 18 rulers, 72 pens
   D 60 pens, 54 pencils, 32 rulers

6. The sum of three numbers is 60. Their greatest common factor is 4. Which of the following lists shows those three numbers?
   F 4, 16, 36
   G 8, 20, 32
   H 14, 16, 30
   J 10, 18, 32

Holt Mathematics

LECCIÓN 4-3
Resolución de problemas
Máximo común divisor

Escribe la respuesta correcta.

1. Carolyn tiene 24 botellas de champú, 36 tubos de loción para manos y 60 pastillas de jabón para armar cestas de regalo. Quiere que cada cesta tenga la misma cantidad de cada artículo. ¿Cuál es la mayor cantidad de cestas que puede armar sin que le sobren artículos?

   12 cestas

2. 40 chicas y 32 chicos quieren participar en la carrera de relevos. Si cada equipo debe tener la misma cantidad de chicas y de chicos, ¿cuál es la mayor cantidad de equipos que puede correr? ¿Cuántos chicos y chicas habrá en cada equipo?

   8 equipos con 5 chicas y 4 chicos cada uno

3. Ming tiene 15 monedas de 25 centavos, 30 monedas de 10 centavos y 48 monedas de 5 centavos. Quiere agrupar su dinero de modo tal que cada grupo tenga la misma cantidad de cada moneda. ¿Cuál es la mayor cantidad de grupos que puede formar? ¿Qué cantidad de cada moneda habrá en cada grupo? ¿Cuánto dinero habrá en cada grupo?

   3 grupos con 5 monedas de 25 centavos, 10 monedas de 10 centavos y 16 monedas de 5 centavos cada uno; $3.05

4. Un jardinero tiene 27 bulbos de tulipanes, 45 plantas de tomate, 108 rosales y 126 almácigos de hierbas para plantar en el parque de la ciudad. Quiere que cada hilera del parque tenga la misma cantidad de cada clase de planta. ¿Cuál es la mayor cantidad de hileras que el jardinero puede formar si usa todas las plantas?

   9 hileras

Encierra en un círculo la letra de la respuesta correcta.

5. Kim empaquetó 6 cajas con artículos idénticos. Fue la mayor cantidad que pudo empaquetar y usó todos los artículos. ¿Cuál de las siguientes es su lista de artículos?
   A 24 lápices, 36 plumas, 10 reglas
   B 12 reglas, 30 lápices, 45 plumas
   C 42 lápices, 18 reglas, 72 plumas
   D 60 plumas, 54 lápices, 32 reglas

6. La suma de tres números es 60. Su máximo común divisor es 4. ¿En cuál de las siguientes listas se muestran esos tres números?
   F 4, 16, 36
   G 8, 20, 32
   H 14, 16, 30
   J 10, 18, 32

Copyright © by Holt, Rinehart and Winston.
All rights reserved.
27
Holt Matemáticas

Problem Solving
Decimals and Fractions

Electricity is measured in amperes, or the rate electrical currents flow. A high ampere measurement means that a lot of electricity is being used. The table below shows the average amount of electricity some household appliances use per hour. Use the table to answer the questions.

1. How much electricity does an average 25-inch television use each hour? Write your answer as a decimal.

   1.25 amperes

2. Which appliance uses an average of 2.5 amps per hour?

   blender

3. Which appliance uses the most electricity per hour? Write its ampere measurement as a decimal.

   microwave oven; 12.5 amperes

Electricity Use in the Home

Appliance	Amps per Hour
Blender	$2\frac{1}{2}$
Coffeemaker	$6\frac{2}{3}$
Computer and printer	$1\frac{5}{6}$
Microwave oven	$12\frac{1}{2}$
Popcorn popper	$2\frac{1}{12}$
25-inch television	$1\frac{1}{4}$
VCR	$\frac{1}{3}$

Circle the letter of the correct answer.

4. How much electricity do most computers and printers use in an hour?
   A 1.38 amperes
   B 1.8 amperes
   C 1.83 amperes
   D 1.88 amperes

5. Which of the appliances has an hourly ampere measurement that is a repeating decimal?
   F blender
   G coffee maker
   H microwave oven
   J 25-inch television

6. In most years, 39.7 percent of the world's energy comes from burning oil. What is this percent written as a fraction?
   A $\frac{39}{7}$ percent
   B $39\frac{1}{7}$ percent
   C $3\frac{9}{7}$ percent
   D $39\frac{7}{10}$ percent

7. The United States produces about 13.2 percent of the world's hydroelectric power. What fraction of hydroelectric power does the United States produce?
   F $13\frac{1}{5}$ percent
   G $\frac{13}{2}$ percent
   H $1\frac{3}{2}$ percent
   J $13\frac{1}{2}$ percent

Holt Mathematics

LECCIÓN 4-4
Resolución de problemas
Decimales y fracciones

La electricidad se mide en amperios, o la velocidad a la que fluyen las corrientes eléctricas. Una alta medición de amperios significa que se está usando una gran cantidad de electricidad. En la siguiente tabla se muestra la cantidad promedio de electricidad que consumen algunos aparatos eléctricos por hora. Usa la tabla para responder a las preguntas.

1. ¿Cuánta electricidad por hora consume un televisor promedio de 25 pulgadas? Escribe tu respuesta como decimal.

   1.25 amperios

2. ¿Qué aparato eléctrico consume un promedio de 2.5 amperios por hora?

   licuadora

3. ¿Qué aparato eléctrico consume la mayor electricidad por hora? Escribe su medición en amperios como decimal.

   horno de microondas; 12.5 amperios

Electricidad que se consume en el hogar

Aparato eléctrico	Amperios por hora
Licuadora	$2\frac{1}{2}$
Cafetera	$6\frac{2}{3}$
Computadora e impresora	$1\frac{5}{6}$
Horno de microondas	$12\frac{1}{2}$
Máquina para hacer palomitas de maíz	$2\frac{1}{12}$
Televisor de 25 pulgadas	$1\frac{1}{4}$
VCR	$\frac{1}{3}$

Encierra en un círculo la letra de la respuesta correcta.

4. ¿Cuánta electricidad consumen la mayoría de las computadoras e impresoras en una hora?
   A 1.38 amperios
   B 1.8 amperios
   C 1.83 amperios
   D 1.88 amperios

5. ¿Cuál de estos aparatos eléctricos tiene una medición por hora de amperios que es un decimal periódico?
   F licuadora
   G cafetera
   H horno de microondas
   J televisor de 25 pulgadas

6. Casi todos los años, el 39.7 por ciento de la energía mundial proviene del petróleo. ¿Cuál es este porcentaje escrito como fracción?
   A $\frac{39}{7}$ por ciento
   B $39\frac{1}{7}$ por ciento
   C $3\frac{9}{7}$ por ciento
   D $39\frac{7}{10}$ por ciento

7. Estados Unidos produce aproximadamente el 13.2 por ciento de la energía hidroeléctrica mundial. ¿Qué fracción de la energía hidroeléctrica produce Estados Unidos?
   F $13\frac{1}{5}$ por ciento
   G $\frac{13}{2}$ por ciento
   H $1\frac{3}{2}$ por ciento
   J $13\frac{1}{2}$ por ciento

Copyright © by Holt, Rinehart and Winston.
All rights reserved.
28
Holt Matemáticas

Holt Middle School Math   Course 1

Problem Solving
4-5 Equivalent Fractions

About 60 million Americans exercise 100 times or more each year. Their top activities and the fraction of those 60 million people who did them are shown on the circle graph. Use the graph to answer the questions.

Exercise in the U.S.

1. Which two activities did the same number of people use to keep in shape?

   stationary bike and
   running/jogging

2. Which activity had the most participants? Write an equivalent fraction for that activity's participants.

   fitness walking; possible answer: $\frac{34}{120}$

3. Which activity had the fewest participants? Write two equivalent fractions for that activity's participants.

   resistance machines;
   possible answers: $\frac{2}{20}$, $\frac{3}{30}$

Key:
- Fitness walking
- Free weights
- Stationary bike
- Running/Jogging
- Treadmill
- Resistance machines

Circle the letter of the correct answer.

4. Which activity did $\frac{3}{15}$ of the people use to exercise?
   - (A) free weights
   - B treadmill
   - C fitness walking
   - D stationary bike

5. Which activity did $\frac{35}{300}$ of the people use to stay healthy?
   - F running/jogging
   - G resistance machines
   - H free weights
   - (J) treadmill

6. An average-sized person can burn about $6\frac{1}{2}$ calories a minute while riding a bike. Which of the following is equivalent to that amount?
   - A $1\frac{2}{2}$
   - (C) $6\frac{2}{4}$
   - B $5\frac{6}{2}$
   - D $6\frac{2}{6}$

7. An average-sized person can burn about 11.25 calories a minute while jogging. Which of the following is not equivalent to that amount?
   - F $11\frac{1}{4}$
   - H $11\frac{8}{8}$
   - (G) $11\frac{1}{2}$
   - J $11\frac{3}{12}$

29 Holt Mathematics

Resolución de problemas
4-5 Fracciones equivalentes

Aproximadamente 60 millones de estadounidenses hacen ejercicio físico 100 veces o más por año. En la gráfica circular se muestran sus principales actividades y la fracción de esos 60 millones de personas que las practican. Usa la gráfica para responder a las preguntas.

Ejercicio físico en Estados Unidos

1. ¿Qué dos actividades hizo la misma cantidad de personas para mantenerse en forma?

   bicicleta fija y correr

2. ¿Qué actividad tuvo la mayor cantidad de participantes? Escribe una fracción equivalente para los participantes de esa actividad.
   caminata; respuesta posible: $\frac{34}{120}$

3. ¿Qué actividad tuvo la menor cantidad de participantes? Escribe dos fracciones equivalentes para los participantes de esa actividad.

   máquinas de resistencia;
   respuestas posibles: $\frac{2}{20}$, $\frac{3}{30}$

Key:
- Caminata
- Pesas libres
- Bicicleta fija
- Correr
- Cinta
- Máquinas de resistencia

Encierra en un círculo la letra de la respuesta correcta.

4. ¿Qué actividad usó el $\frac{3}{15}$ de las personas para hacer ejercicio?
   - (A) pesas libres
   - C caminata
   - B cinta
   - D bicicleta fija

5. ¿Qué actividad hizo el $\frac{35}{300}$ de las personas para mantenerse saludable?
   - F correr
   - G máquinas de resistencia
   - H pesas libres
   - (J) cinta

6. Una persona de talla media puede quemar aproximadamente $6\frac{1}{2}$ calorías por minuto andando en bicicleta. ¿Cuál de las siguientes opciones es equivalente a esa cantidad?
   - A $1\frac{2}{2}$
   - (C) $6\frac{2}{4}$
   - B $5\frac{6}{2}$
   - D $6\frac{2}{6}$

7. Una persona de talla media puede quemar aproximadamente 11.25 calorías por minuto mientras corre. ¿Cuál de las siguientes opciones es equivalente a esa cantidad?
   - F $11\frac{1}{4}$
   - H $11\frac{8}{8}$
   - (G) $11\frac{1}{2}$
   - J $11\frac{3}{12}$

29 Holt Matemáticas

Problem Solving
4-6 Mixed Numbers and Improper Fractions

Write the correct answer.

1. If stretched end-to-end, the total length of the blood vessels inside your body could wrap around Earth's equator $\frac{5}{2}$ times! Write this fact as a mixed number.

   $2\frac{1}{2}$ times

2. In 2000, the average 12-year-old child in the United States earned an allowance of 9 dollars and $\frac{7}{25}$ cents a week. Write this amount as an improper fraction and a decimal.

   $\$\frac{232}{25}$; $9.28

3. The normal body temperature for a rattlesnake is between $53\frac{3}{5}°$F and $64\frac{2}{5}°$F. Write this range as improper fractions.

   $\frac{268}{5}°$F to $\frac{322}{5}°$F

4. A professional baseball can weigh no less than $\frac{45}{9}$ ounces and no more than $\frac{21}{4}$ ounces. Write this range as mixed numbers.

   5 ounces to $5\frac{1}{4}$ ounces

Circle the letter of the correct answer.

5. Betty needs a piece of lumber that is $\frac{14}{3}$ feet long. Which size should she look for at the hardware store?
   - A $3\frac{1}{3}$ feet
   - B $3\frac{1}{4}$ feet
   - (C) $4\frac{2}{3}$ feet
   - D $4\frac{1}{4}$ feet

6. What operations are used to change a mixed number to an improper fraction?
   - (F) multiplication and addition
   - G division and subtraction
   - H division and addition
   - J multiplication and subtraction

7. Adult bees only eat nectar, the substance in flowers used to make honey. A bee could fly 4 million miles on the energy it would get from eating $\frac{9}{2}$ liters of nectar. What is this amount of nectar written as a mixed number.
   - A $9\frac{1}{2}$ liters
   - C $4\frac{1}{9}$ liters
   - (B) $4\frac{1}{2}$ liters
   - D $2\frac{1}{2}$ liters

8. An astronaut who weighs 250 pounds on Earth would weigh $41\frac{1}{2}$ pounds on the moon. What is the astronaut's moon weight written as an improper fraction?
   - F $\frac{41}{2}$ pounds
   - H $\frac{82}{2}$ pounds
   - G $\frac{42}{2}$ pounds
   - (J) $\frac{83}{2}$ pounds

30 Holt Mathematics

Resolución de problemas
4-6 Números mixtos y fracciones impropias

Escribe la respuesta correcta.

1. Si los extendieras de punta a punta, ¡los vasos sanguíneos del cuerpo humano podrían dar una vuelta a la Tierra en su parte más ancha $\frac{5}{2}$ veces! Escribe este dato como número mixto.

   $2\frac{1}{2}$ veces

2. En 2000, el niño promedio de 12 años en Estados Unidos ganaba una mesada de 9 dólares y $\frac{7}{25}$ centavos por semana. Escribe esta cantidad como fracción impropia y decimal.

   $\$\frac{232}{25}$; $9.28

3. La temperatura corporal normal de una serpiente de cascabel oscila entre $53\frac{3}{5}°$ F y $64\frac{2}{5}°$ F. Escribe este rango como fracciones impropias.

   $\frac{268}{5}$ F a $\frac{322}{5}$ F

4. Una pelota de béisbol profesional puede pesar no menos de $\frac{45}{9}$ onzas y no más $\frac{21}{4}$ onzas. Escribe este rango como números mixtos.

   5 onzas a $5\frac{1}{4}$ onzas

Encierra en un círculo la letra de la respuesta correcta.

5. Betty necesita un trozo de madera de $\frac{14}{3}$ pies de largo. ¿Qué medida debería buscar en la ferretería?
   - A $3\frac{1}{3}$ pies
   - B $3\frac{1}{4}$ pies
   - (C) $4\frac{2}{3}$ pies
   - D $4\frac{1}{4}$ pies

6. ¿Qué operaciones se usan para cambiar un número mixto a una fracción impropia?
   - (F) multiplicación y suma
   - G división y resta
   - H división y suma
   - J multiplicación y resta

7. Las abejas adultas sólo se alimentan de néctar, la sustancia de las flores que se usa para fabricar miel. Una abeja podría volar 4 millones de millas con la energía que obtendría al beber $\frac{9}{2}$ litros de néctar. ¿Cuál es esta cantidad de néctar escrita como número mixto?
   - A $9\frac{1}{2}$ litros
   - C $4\frac{1}{9}$ litros
   - (B) $4\frac{1}{2}$ litros
   - D $2\frac{1}{2}$ litros

8. Un astronauta que pesa 250 libras en la Tierra pesaría $41\frac{1}{2}$ libras en la Luna. ¿Cuál es el peso del astronauta en la Luna escrito como fracción impropia?
   - F $\frac{41}{2}$ libras
   - H $\frac{82}{2}$ libras
   - G $\frac{42}{2}$ libras
   - (J) $\frac{83}{2}$ libras

30 Holt Matemáticas

15 Holt Middle School Math Course 1

Problem Solving
4-7 Comparing and Ordering Fractions

The table shows what fraction of Earth's total land area each of the continents makes up. Use the table to answer the questions.

Earth's Land

Continent	Fraction of Earth's Land
Africa	$\frac{1}{5}$
Antarctica	$\frac{1}{10}$
Asia	$\frac{3}{10}$
Australia	$\frac{1}{20}$
Europe	$\frac{7}{100}$
North America	$\frac{4}{25}$
South America	$\frac{6}{50}$

1. Which continent makes up most of Earth's land?

   Asia

2. Which continent makes up the least part of Earth's land?

   Australia

3. Explain how you would compare the part of Earth's total land area that Australia and Europe make up.

   Change $\frac{1}{20}$ to $\frac{5}{100}$ and

   then compare it to $\frac{7}{100}$.

Circle the letter of the correct answer.

4. Which of these continents covers the greatest part of Earth's total land area?
   - (A) North America
   - B South America
   - C Europe
   - D Australia

5. Which of these continents covers the least part of Earth's total land area?
   - F Africa
   - G Antarctica
   - H Asia
   - (J) Australia

6. Which of the following lists shows the continents written in order from the greatest part of Earth's total land they cover to the least part?
   - (A) Asia, Africa, North America
   - B Africa, Asia, North America
   - C Asia, South America, North America
   - D North America, Asia, South America

7. Which of the following lists shows the continents written in order from the least part of Earth's total land they cover to the greatest part?
   - F Antarctica, Europe, South America
   - G South America, Antarctica, Europe
   - (H) Australia, Europe, Antarctica
   - J Antarctica, Europe, Australia

31   **Holt Mathematics**

Resolución de problemas
4-7 Cómo comparar y ordenar fracciones

En la tabla se muestra qué fracción del área continental total terrestre representa cada uno de los continentes. Usa la tabla para responder a las preguntas.

Área continental terrestre

Continente	Fracción del área continental terrestre
África	$\frac{1}{5}$
Antártida	$\frac{1}{10}$
Asia	$\frac{3}{10}$
Australia	$\frac{1}{20}$
Europa	$\frac{7}{100}$
América del Norte	$\frac{4}{25}$
América del Sur	$\frac{6}{50}$

1. ¿Qué continente representa la mayor parte del área continental terrestre?

   Asia

2. ¿Qué continente representa la menor parte del área continental terrestre?

   Australia

3. Explica cómo compararías la parte del área continental total de la Tierra que representan Australia y Europa.

   cambiar $\frac{1}{20}$ a $\frac{5}{100}$ y luego

   compararlo con $\frac{7}{100}$

Encierra en un círculo la letra de la respuesta correcta.

4. ¿Cuál de estos continentes cubre la mayor parte del área continental total terrestre?
   - (A) América del Norte
   - B América del Sur
   - C Europa
   - D Australia

5. ¿Cuál de estos continentes cubre la menor parte del área continental total de la Tierra?
   - F África
   - G Antártida
   - H Asia
   - (J) Australia

6. ¿En cuál de las siguientes listas se muestran los continentes en orden de la mayor parte del área continental total de la Tierra que cubren a la menor parte?
   - (A) Asia, África, América del Norte
   - B África, Asia, América del Norte
   - C Asia, América del Sur, América del Norte
   - D América del Norte, Asia, América del Sur

7. ¿En cuál de las siguientes listas se muestran los continentes en orden de la menor parte del área continental total de la Tierra que cubren a la mayor parte?
   - F Antártida, Europa, América del Sur
   - G América del Sur, Antártida, Europa
   - (H) Australia, Europa, Antártida
   - J Antártida, Europa, Australia

31   **Holt Matemáticas**

Problem Solving
4-8 Adding and Subtracting with Like Denominators

Write the answers in simplest form.

1. About $\frac{3}{10}$ of Earth's surface is covered by land, and the rest is water. What fraction of Earth's surface is covered by water?

   $\frac{7}{10}$ of Earth's surface

2. A recipe for cookies calls for $\frac{3}{8}$ cup of chocolate chips. Tameeka wants to double the recipe. How much chocolate chips will she use?

   $\frac{3}{4}$ cup

3. In Mr. Chesterfield's science class, $\frac{2}{9}$ of the boys like his class. Three times as many girls like his science class. How many girls like Mr. Chesterfield's science class?

   $\frac{2}{3}$ of the girls

4. In the United States, $\frac{6}{50}$ of the population is left-handed men and $\frac{5}{50}$ of the population is left-handed women. What part of the population is left-handed?

   $\frac{11}{50}$

Circle the letter of the correct answer.

5. In the United States, about $\frac{1}{10}$ of the population is born with black hair, and $\frac{7}{10}$ of the population is born with brown hair. What fraction of the total population in the U.S. is born with brown or black hair?
   - A $\frac{1}{10}$
   - B $\frac{1}{5}$
   - C $\frac{3}{5}$
   - (D) $\frac{4}{5}$

6. In the United States, about $\frac{3}{20}$ of the population is born with blond hair, and $\frac{1}{20}$ of the population is born with red hair. What fraction of the total population in the U.S. is born with blond or red hair?
   - F $\frac{1}{10}$
   - (G) $\frac{1}{5}$
   - H $\frac{3}{5}$
   - J $\frac{4}{5}$

7. The average height for men in the United States is $5\frac{2}{3}$ feet tall. Bill is $\frac{1}{3}$ foot shorter than average. How tall is Bill?
   - (A) $5\frac{1}{3}$ feet
   - B $5\frac{3}{6}$ feet
   - C 6 feet
   - D $5\frac{1}{6}$ feet

8. The average height for women in the United States is $5\frac{1}{3}$ feet tall. Katie is $\frac{2}{3}$ foot taller than average. How tall is Katie?
   - F $5\frac{1}{3}$ feet
   - G $5\frac{3}{6}$ feet
   - (H) 6 feet
   - J $5\frac{1}{6}$ feet

32   **Holt Mathematics**

Resolución de problemas
4-8 Cómo sumar y restar fracciones semejantes

Escribe cada respuesta en su mínima expresión.

1. Aproximadamente $\frac{3}{10}$ de la superficie terrestre están cubiertos por tierra y el resto es agua. ¿Qué fracción de la superficie terrestre está cubierta por agua?

   $\frac{7}{10}$ de la superficie terrestre

2. Una receta de galletas requiere $\frac{3}{8}$ de taza de chispas de chocolate. Tameeka quiere duplicar la receta. ¿Cuántas chispas de chocolate usará?

   $\frac{3}{4}$ de taza

3. A $\frac{2}{9}$ de los varones les gusta la clase de ciencias del maestro Chesterfield. Al triple de las chicas les gusta su clase de ciencias. ¿A cuántas chicas les gusta la clase de ciencias del maestro Chesterfield?

   a $\frac{2}{3}$ de las chicas

4. En Estados Unidos, $\frac{6}{50}$ de la población corresponden a hombres zurdos y $\frac{5}{50}$ de la población corresponden a mujeres zurdas. ¿Qué parte de la población es zurda?

   $\frac{11}{50}$

Encierra en un círculo la letra de la respuesta correcta.

5. En Estados Unidos, alrededor de $\frac{1}{10}$ de la población nace con cabello negro y $\frac{7}{10}$ de la población nacen con cabello castaño. ¿Qué fracción de la población total de EE.UU. nace con cabello castaño o negro?
   - A $\frac{1}{10}$
   - B $\frac{1}{5}$
   - C $\frac{3}{5}$
   - (D) $\frac{4}{5}$

6. En Estados Unidos, aproximadamente $\frac{3}{20}$ de la población nacen con cabello rubio y $\frac{1}{20}$ de la población nace con cabello rojo. ¿Qué fracción de la población total de EE.UU. nace con cabello rubio o rojo?
   - F $\frac{1}{10}$
   - (G) $\frac{1}{5}$
   - H $\frac{3}{5}$
   - J $\frac{4}{5}$

7. La estatura promedio de los hombres en Estados Unidos es $5\frac{2}{3}$ pies de altura. Bill es $\frac{1}{3}$ de pie más bajo que el promedio. ¿Qué estatura tiene Bill?
   - (A) $5\frac{1}{3}$ pies
   - B $5\frac{3}{6}$ pies
   - C 6 pies
   - D $5\frac{1}{6}$ pies

8. La estatura promedio de las mujeres en Estados Unidos es $5\frac{1}{3}$ pies de altura. Katie es $\frac{2}{3}$ de pie más alta que el promedio. ¿Qué estatura tiene Katie?
   - F $5\frac{1}{3}$ pies
   - G $5\frac{3}{6}$ pies
   - (H) 6 pies
   - J $5\frac{1}{6}$ pies

32   **Holt Matemáticas**

---

16   **Holt Middle School Math   Course 1**

Problem Solving
Estimating Fraction Sums and Differences

Use the table to answer the questions. Possible answers:

Portland, Oregon, Average Monthly Rainfall

Month	Jan	Feb	Mar	Apr	May	Jun	Jul	Aug	Sep	Oct	Nov	Dec
Rain (in.)	$5\frac{2}{5}$	$3\frac{9}{10}$	$3\frac{3}{5}$	$2\frac{2}{5}$	$2\frac{1}{10}$	$1\frac{1}{2}$	$\frac{3}{5}$	$1\frac{1}{10}$	$1\frac{4}{5}$	$2\frac{7}{10}$	$5\frac{3}{10}$	$6\frac{1}{10}$

1. About how much does it rain in Portland in January and February combined?

   about $9\frac{1}{2}$ inches

2. About how much more does it rain in Portland in October than in September?

   about 1 inch more

3. In most years, about how much rain does Portland receive from May through July?

   about 4 inches

4. What is the difference between Portland's average rainfall in March and May?

   about $1\frac{1}{2}$ inches

Circle the letter of the correct answer.

5. What is the difference in rainfall between Portland's rainiest and driest months?

   A about $2\frac{1}{2}$ inches

   (B) about 5 inches

   C about $6\frac{1}{2}$ inches

   D about $7\frac{1}{2}$ inches

6. About how much rain does Portland receive in most years all together?

   F about $25\frac{1}{2}$ inches

   G about $30\frac{1}{2}$ inches

   H about $32\frac{1}{2}$ inches

   (J) about $36\frac{1}{2}$ inches

7. About how much rain does Portland receive during its three rainiest months all together?

   (A) about 17 inches

   B about 16 inches

   C about 18 inches

   D about 15 inches

8. In which month in Portland can you expect about $\frac{1}{2}$ inch less rainfall than in June?

   F May

   G July

   H September

   (J) August

33

Resolución de problemas
Cómo estimar sumas y restas con fracciones

Usa la tabla para responder a las preguntas. Respuestas posibles:

Promedio de precipitaciones mensuales en Portland, Oregón

Mes	Ene	Feb	Mar	Abr	May	Jun	Jul	Ago	Sep	Oct	Nov	Dic
Lluvia (pulg)	$5\frac{2}{5}$	$3\frac{9}{10}$	$3\frac{3}{5}$	$2\frac{2}{5}$	$2\frac{1}{10}$	$1\frac{1}{2}$	$\frac{3}{5}$	$1\frac{1}{10}$	$1\frac{4}{5}$	$2\frac{7}{10}$	$5\frac{3}{10}$	$6\frac{1}{10}$

1. ¿Cuánto llueve aproximadamente en Portland en enero y febrero en total?

   aproximadamente $9\frac{1}{2}$ pulgadas

2. ¿Aproximadamente cuánto más llueve en Portland en octubre que en septiembre?

   aproximadamente 1 pulgada más

3. ¿Aproximadamente cuánta lluvia recibe Portland de mayo a julio casi todos los años?

   aproximadamente 4 pulgadas

4. ¿Cuál es la diferencia entre las precipitaciones promedio en Portland en marzo y en mayo?

   aproximadamente $1\frac{1}{2}$ pulgadas

Encierra en un círculo la letra de la respuesta correcta.

5. ¿Cuál es la diferencia de precipitaciones en Portland entre los meses más lluviosos y los más secos?

   A aproximadamente $2\frac{1}{2}$ pulgadas

   (B) aproximadamente 5 pulgadas

   C aproximadamente $6\frac{1}{2}$ pulgadas

   D aproximadamente $7\frac{1}{2}$ pulgadas

6. ¿Qué total de lluvia recibe Portland aproximadamente casi todos los años?

   F aproximadamente $25\frac{1}{2}$ pulgadas

   G aproximadamente $30\frac{1}{2}$ pulgadas

   H aproximadamente $32\frac{1}{2}$ pulgadas

   (J) aproximadamente $36\frac{1}{2}$ pulgadas

7. ¿Qué total de lluvia recibe Portland aproximadamente durante sus tres meses más lluviosos?

   (A) aproximadamente 17 pulgadas

   B aproximadamente 16 pulgadas

   C aproximadamente 18 pulgadas

   D aproximadamente 15 pulgadas

8. ¿En qué mes puedes esperar aproximadamente $\frac{1}{2}$ pulgada menos de precipitaciones en Portland que en junio?

   F mayo

   G julio

   H septiembre

   (J) agosto

33

Problem Solving
Least Common Multiple

Use the table to answer the questions.

Party Supplies

Item	Number per Pack
Invitations	12
Balloons	30
Paper plates	10
Paper napkins	24
Plastic cups	15
Noise makers	5

1. You want to have an equal number of plastic cups and paper plates. What is the least number of packs of each you can buy?

   3 packs of plates and

   2 packs of cups

2. You want to invite 48 people to a party. What is the least number of packs of invitations and napkins you should buy to have one for each person and none left over?

   4 packs of invitations and

   2 packs of napkins

Circle the letter of the correct answer.

3. You want to have an equal number of noisemakers and balloons at your party. What is the least number of packs of each you can buy?

   A 1 pack of balloons and 1 pack of noise makers

   B 1 pack of balloons and 2 packs of noise makers

   (C) 1 pack of balloons and 6 packs of noise makers

   D 6 packs of balloons and 1 pack of noise makers

4. You bought an equal number of packs of plates and cups so that each of your 20 guests would have 3 cups and 2 plates. How many packs of each item did you buy?

   F 1 pack of cups and 1 pack of plates

   G 3 packs of cups and 4 packs of plates

   H 4 packs of cups and 3 packs of plates

   (J) 4 packs of cups and 4 packs of plates

5. The LCM for three items listed in the table is 60 packs. Which of the following are those three items?

   A balloons, plates, noise makers

   (B) noise makers, invitations, balloons

   C napkins, cups, plates

   D balloons, napkins, plates

6. To have one of each item for 120 party guests, you buy 10 packs of one item and 24 packs of the other. What are those two items?

   F plates and invitations

   G balloons and cups

   H napkins and plates

   (J) invitations and noise makers

34

Resolución de problemas
Mínimo común múltiplo

Usa la tabla para responder a las preguntas.

Artículos para la fiesta

Artículo	Cantidad por paquete
Invitaciones	12
Globos	30
Platos de papel	10
Servilletas de papel	24
Vasos plásticos	15
Matracas	5

1. Quieres tener la misma cantidad de vasos plásticos y platos de papel. ¿Cuál es la cantidad mínima de paquetes de cada uno que puedes comprar?

   3 paquetes de platos

   y 2 paquetes de vasos

2. Quieres invitar a 48 personas a una fiesta. ¿Cuál es la cantidad mínima de paquetes de invitaciones y servilletas que deberías comprar para tener una para cada persona y que no te sobre ninguna?

   4 paquetes de invitaciones

   y 2 paquetes de servilletas

Encierra en un círculo la letra de la respuesta correcta.

3. Quieres tener la misma cantidad de matracas y globos en tu fiesta. ¿Cuál es la cantidad mínima de paquetes de cada artículo que puedes comprar?

   A 1 paquete de globos y 1 paquete de matracas

   B 1 paquete de globos y 2 paquetes de matracas

   (C) 1 paquete de globos y 6 paquetes de matracas

   D 6 paquetes de globos y 1 paquete de matracas

4. Compraste la misma cantidad de paquetes de platos y vasos de manera que cada uno de tus 20 invitados tenga 3 vasos y 2 platos. ¿Cuántos paquetes de cada artículo compraste?

   F 1 paquete de vasos y 1 de platos

   G 3 paquetes de vasos y 4 de platos

   H 4 paquetes de vasos y 3 de platos

   (J) 4 paquetes de vasos y 4 de platos

5. El mcm de tres artículos de la tabla es 60 paquetes. ¿Cuáles de los siguientes artículos son esos tres artículos?

   A globos, platos, matracas

   (B) matracas, invitaciones, globos

   C servilletas, vasos, platos

   D globos, servilletas, platos

6. Para que cada uno de los 120 invitados tenga un artículo de cada clase, compras 10 paquetes de un artículo y 24 paquetes del otro. ¿Cuáles son esos dos artículos?

   F platos e invitaciones

   G globos y vasos

   H servilletas y platos

   (J) invitaciones y matracas

34

Problem Solving
5-2 *Adding and Subtracting with Unlike Denominators*

Use the circle graph to answer the questions. Write each
answer in simplest form.

1. On which two continents do most
people live? How much of the total
population do they make up together?

World Population, 2001

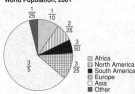

□ Africa
■ North America
■ South America
■ Europe
□ Asia
■ Other

Asia and Europe; $\frac{18}{25}$ of the

population

2. How much of the world's population
live in either North America or South
America?

$\frac{7}{50}$ of the population

3. How much more of the world's total
population lives in Asia than in Africa?

$\frac{1}{2}$ of the population

Circle the letter of the correct answer.

4. How much of Earth's total population
do people in Asia and Africa make up
all together?

A $\frac{3}{10}$ of the population

B $\frac{2}{5}$ of the population

C $\frac{7}{10}$ of the population

D $\frac{7}{5}$ of the population

5. What is the difference between North
America's part of the total population
and Africa's part?

F Africa has $\frac{1}{50}$ more.

G Africa has $\frac{1}{50}$ less.

H Africa has $\frac{9}{50}$ more.

J Africa has $\frac{9}{50}$ less.

6. How much more of the population
lives in Europe than in North
America?

A $\frac{1}{25}$ of the population

B $\frac{1}{5}$ of the population

C $\frac{1}{15}$ of the population

D $\frac{1}{10}$ of the population

7. How much of the world's population
lives in North America and Europe?

F $\frac{1}{25}$ of the population

G $\frac{1}{15}$ of the population

H $\frac{1}{5}$ of the population

J $\frac{1}{20}$ of the population

35

Resolución de problemas
5-2 *Cómo sumar y restar con denominadores distintos*

Usa la gráfica circular para responder a las preguntas. Escribe cada
respuesta en su mínima expresión.

1. ¿Cuáles son los dos continentes
donde vive la mayor cantidad de
personas? ¿Qué parte de la
población total forman en conjunto?

Población mundial, 2001

□ África
■ América del Norte
■ América del Sur
■ Europa
□ Asia
■ Otro

Asia y Europa; $\frac{18}{25}$ de la población

2. ¿Qué parte de la población mundial
vive en América del Norte o en
América del Sur?

$\frac{7}{50}$ de la población

3. ¿Cuántos más habitantes, del total de
la población mundial, viven en Asia
que en África?

$\frac{1}{2}$ de la población

Encierra en un círculo la letra de la respuesta correcta.

4. ¿Qué parte de la población total de
la Tierra forman los habitantes de
Asia y África en conjunto?

A $\frac{3}{10}$ de la población

B $\frac{2}{5}$ de la población

C $\frac{7}{10}$ de la población

D $\frac{7}{5}$ de la población

5. ¿Cuál es la diferencia entre la parte
de la población total de América del
Norte y la parte de África?

F África tiene $\frac{1}{50}$ más.

G África tiene $\frac{1}{50}$ menos.

H África tiene $\frac{9}{50}$ más.

J África tiene $\frac{9}{50}$ menos.

6. ¿Cuántas más personas viven en
Europa que en América del Norte?

A $\frac{1}{25}$ de la población

B $\frac{1}{5}$ de la población

C $\frac{1}{15}$ de la población

D $\frac{1}{10}$ de la población

7. ¿Qué parte de la población mundial
vive en América del Norte y Europa?

F $\frac{1}{25}$ de la población

G $\frac{1}{15}$ de la población

H $\frac{1}{5}$ de la población

J $\frac{1}{20}$ de la población

35

Problem Solving
5-3 *Adding and Subtracting Mixed Numbers*

Write the correct answer in simplest form.

1. Of the planets in our solar system,
Jupiter and Neptune have the
greatest surface gravity. Jupiter's
gravitational pull is $2\frac{16}{25}$ stronger
than Earth's, and Neptune's is
$1\frac{1}{5}$ stronger. What is the difference
between Jupiter's and Neptune's
surface gravity levels?

Jupiter's is $1\frac{11}{25}$ higher.

2. Escape velocity is the speed a rocket
must attain to overcome a planet's
gravitational pull. Earth's escape
velocity is $6\frac{9}{10}$ miles per second! The
Moon's escape velocity is $5\frac{2}{5}$ miles
per second slower. How fast does a
rocket have to launch to escape the
moon's gravity?

$1\frac{1}{2}$ miles per second

3. The two longest total solar eclipses
occurred in 1991 and 1992. The first
one lasted $6\frac{5}{6}$ minutes. The eclipse
of 1992 lasted $5\frac{1}{3}$ minutes. How
much longer was 1991's eclipse?

$1\frac{1}{2}$ minutes

4. The two largest meteorites found in
the U.S. landed in Canyon Diablo,
Arizona, and Willamette, Oregon.
The Arizona meteorite weighs $33\frac{1}{10}$
tons! Oregon's weighs $16\frac{1}{2}$ tons. How
much do the two meteorites
weigh in all?

$49\frac{3}{5}$ tons

Circle the letter of the correct answer.

5. Not including the Sun, Proxima
Centauri is the closest star to Earth.
It is $4\frac{11}{50}$ light years away! The next
closest star is Alpha Centauri. It is
$\frac{13}{100}$ light years farther than Proxima.
How far is Alpha Centauri from Earth?

A $4\frac{7}{20}$ light years

B $4\frac{13}{100}$ light years

C $4\frac{6}{25}$ light years

D $4\frac{1}{50}$ light years

6. It takes about $5\frac{1}{3}$ minutes for light
from the Sun to reach Earth. The
Moon is closer to Earth, so its light
reaches Earth faster—about $5\frac{19}{60}$
minutes faster than from the Sun.
How long does light from the Moon
take to reach Earth?

F $\frac{3}{10}$ of a minute

G $\frac{1}{60}$ of a minute

H $\frac{1}{3}$ of a minute

J $\frac{4}{15}$ of a minute

36

Resolución de problemas
5-3 *Cómo sumar y restar números mixtos*

Escribe la respuesta correcta en su mínima expresión.

1. De los planetas de nuestro Sistema
Solar, Júpiter y Neptuno tienen la
mayor gravedad superficial. La fuerza
gravitacional de Júpiter es
$2\frac{16}{25}$ más fuerte que la de la Tierra y
la de Neptuno es $1\frac{1}{5}$ más fuerte.
¿Cuál es la diferencia entre los
niveles de gravedad superficial de
Júpiter y Neptuno?

La de Júpiter es $1\frac{11}{25}$ más alta.

2. La velocidad de escape es la
velocidad que debe alcanzar un
cohete espacial para vencer la fuerza
gravitacional de un planeta. ¡La
velocidad de escape de la Tierra
es $6\frac{9}{10}$ millas por segundo! La
velocidad de escape de la Luna es
$5\frac{2}{5}$ millas por segundo más lenta.
¿A qué velocidad debe lanzarse un
cohete espacial para vencer la
gravedad de la Luna?

$1\frac{1}{2}$ milla por segundo

3. Los dos eclipses solares totales más
largos tuvieron lugar en 1991 y 1992.
El primero duró $6\frac{5}{6}$ minutos. El
segundo duró $5\frac{1}{3}$ minutos. ¿Cuánto
más duró el eclipse de 1991?

$1\frac{1}{2}$ minutos

4. Los dos meteoritos más grandes que
se encontraron en EE.UU. cayeron
en Canyon Diablo, Arizona y en
Willamette, Oregón. ¡El meteorito de
Arizona pesa $33\frac{1}{10}$ toneladas! El
meteorito de Oregón pesa $16\frac{1}{2}$
toneladas. ¿Cuánto pesan los dos
meteoritos en total?

$49\frac{3}{5}$ toneladas

Encierra en un círculo la letra de la respuesta correcta.

5. Sin incluir el Sol, Próxima Centauri
es la estrella más cercana a la
Tierra. ¡Está a una distancia de
$4\frac{11}{50}$ años luz! La siguiente estrella
más cercana es Alpha Centauri. Está
a $\frac{13}{100}$ años luz más lejos que
Próxima Centauri. ¿A qué distancia
está Alpha Centauri de la Tierra?

A $4\frac{7}{20}$ años luz   **C** $4\frac{6}{25}$ años luz

B $4\frac{13}{100}$ años luz   **D** $4\frac{1}{50}$ años luz

6. La luz solar tarda aproximadamente
$5\frac{1}{3}$ minutos en llegar a la Tierra. La
Luna está más cerca de la Tierra,
por lo tanto su luz llega más rápido:
aproximadamente $5\frac{19}{60}$
minutos más rápido que la luz solar.
¿Cuánto tarda la luz proveniente de
la Luna en llegar a la Tierra?

F $\frac{3}{10}$ de minuto   **H** $\frac{1}{3}$ de minuto

G $\frac{1}{60}$ de minuto   **J** $\frac{4}{15}$ de minuto

36

---

18   Holt Middle School Math   Course 1

Problem Solving
5-4 Regrouping to Subtract Mixed Numbers

Write the correct answer in simplest form.

1. The average person in the United States eats $6\frac{13}{16}$ pounds of potato chips each year. The average person in Ireland eats $5\frac{15}{16}$ pounds. How much more potato chips do Americans eat a year than people in Ireland?

$\frac{7}{8}$ pound more

2. The average person in the United States eats $270\frac{1}{16}$ pounds of meat each year. The average person in Australia eats $238\frac{1}{2}$ pounds. How much more meat do Americans eat a year than people in Australia?

$31\frac{9}{16}$ pounds more

3. The average Americans eats $24\frac{1}{2}$ pounds of ice cream every year. The average person in Israel eats $15\frac{4}{5}$ pounds. How much more ice cream do Americans eat each year?

$8\frac{7}{10}$ pounds more

4. People in Switzerland eat the most chocolate—26 pounds a year per person. Most Americans eat $12\frac{9}{16}$ pounds each year. How much more chocolate do the Swiss eat?

$13\frac{7}{16}$ pounds more

5. The average person in the United States chews $1\frac{9}{16}$ pounds of gum each year. The average person in Japan chews $\frac{7}{8}$ pound. How much more gum do Americans chew?

$\frac{11}{16}$ pound more

6. Norwegians eat the most frozen foods—$78\frac{1}{2}$ pounds per person each year. Most Americans eat $35\frac{15}{16}$ pounds. How much more frozen foods do people in Norway eat?

$42\frac{9}{16}$ pounds more

Circle the letter of the correct answer.

7. Most people around the world eat $41\frac{7}{8}$ pounds of sugar each year. Most Americans eat $66\frac{3}{4}$ pounds. How much more sugar do Americans eat than the world's average?

A $25\frac{7}{8}$ pounds more

B $25\frac{1}{8}$ pounds more

(C) $24\frac{7}{8}$ pounds more

D $24\frac{1}{8}$ pounds more

8. The average person eats 208 pounds of vegetables and $125\frac{5}{8}$ pounds of fruit each year. How much more vegetables do most people eat than fruit?

F $83\frac{5}{8}$ pounds more

(G) $82\frac{3}{8}$ pounds more

H $123\frac{5}{8}$ pounds more

J $83\frac{3}{8}$ pounds more

37
Holt Mathematics

LECCIÓN
Resolución de problemas
5-4 Cómo reagrupar para restar números mixtos

Escribe la respuesta correcta en su mínima expresión.

1. La persona promedio en Estados Unidos come $6\frac{13}{16}$ libras de papitas fritas cada año. La persona promedio en Irlanda come $5\frac{15}{16}$ libras. ¿Cuántas más papitas fritas comen los estadounidenses por año?

$\frac{7}{8}$ de libra más

2. La persona promedio en Estados Unidos come $270\frac{1}{16}$ libras de carne cada año. La persona promedio en Australia come $238\frac{1}{2}$ libras. ¿Cuánta más carne comen los estadounidenses por año?

$31\frac{9}{16}$ libras más

3. El estadounidense promedio come $24\frac{1}{2}$ libras de helado por año. La persona promedio en Israel come $15\frac{4}{5}$ libras. ¿Cuánto más helado comen los estadounidenses cada año?

$8\frac{7}{10}$ libras más

4. Las personas en Suiza comen la mayor cantidad de chocolate: 26 libras por año por persona. La mayoría de los estadounidenses comen $12\frac{9}{16}$ libras por año. ¿Cuánto más chocolate comen los suizos?

$13\frac{7}{16}$ libras más

5. La persona promedio en Estados Unidos masca $1\frac{9}{16}$ libras de goma cada año. La persona promedio en Japón masca $\frac{7}{8}$ de libra. ¿Cuánta más goma mascan los estadounidenses?

$\frac{11}{16}$ libras más

6. Los noruegos comen la mayor cantidad de alimentos congelados: $78\frac{1}{2}$ libras por persona por año. La mayoría de los estadounidenses comen $35\frac{15}{16}$ libras. ¿Cuántos más alimentos congelados comen las personas en Noruega?

$42\frac{9}{16}$ libras más

Encierra en un círculo la letra de la respuesta correcta.

7. La mayoría de las personas en el mundo come $41\frac{7}{8}$ libras de azúcar cada año. La mayoría de los estadounidenses comen $66\frac{3}{4}$ libras. ¿Cuánta más azúcar comen los estadounidenses que el promedio mundial?

A $25\frac{7}{8}$ lb más

B $25\frac{1}{8}$ lb más

(C) $24\frac{7}{8}$ lb más

D $24\frac{1}{8}$ lb más

8. La persona promedio come 208 libras de verduras y $125\frac{5}{8}$ libras de fruta por año. ¿Cuánta más verdura que fruta comen la mayoría de las personas?

F $83\frac{5}{8}$ lb más

(G) $82\frac{3}{8}$ lb más

H $123\frac{5}{8}$ lb más

J $83\frac{3}{8}$ lb más

Copyright © by Holt, Rinehart and Winston.
All rights reserved.
37
Holt Matemáticas

Problem Solving
5-5 Solving Fraction Equations: Addition and Subtraction

Write the correct answer in simplest form.

1. It usually takes Brian $1\frac{1}{2}$ hours to get to work from the time he gets out of bed. His drive to the office takes $\frac{3}{4}$ hour. How much time does he spend getting ready for work?

$\frac{3}{4}$ of an hour

2. Before she went to the hairdresser, Sheila's hair was $7\frac{1}{4}$ inches long. When she left the salon, it was $5\frac{1}{2}$ inches long. How much of her hair did Sheila get cut off?

$1\frac{3}{4}$ inches

3. One lap around the gym is $\frac{1}{3}$ mile long. Kim has already run 5 times around. If she wants to run 2 miles total, how much farther does she have to go?

$\frac{1}{3}$ mile more

4. Darius timed his speech at $5\frac{1}{6}$ minutes. His time limit for the speech is $4\frac{1}{2}$ minutes. How much does he need to cut from his speech?

$\frac{2}{3}$ minute

Circle the letter of the correct answer.

5. Mei and Alex bought the same amount of food at the deli. Mei bought $1\frac{1}{4}$ pounds of turkey and $1\frac{1}{3}$ pounds of cheese. Alex bought $1\frac{1}{2}$ pounds of turkey. How much cheese did Alex buy?

(A) $1\frac{1}{12}$ pounds   C $1\frac{1}{4}$ pounds

B $1\frac{1}{6}$ pounds   D $4\frac{1}{12}$ pounds

6. When Lynn got her dog, Max, he weighed $10\frac{1}{2}$ pounds. During the next 6 months, he gained $8\frac{4}{5}$ pounds. At his one-year check-up he had gained another $4\frac{1}{3}$ pounds. How much did Max weigh when he was 1 year old?

F $22\frac{19}{30}$ pounds   H $23\frac{29}{30}$ pounds

(G) $23\frac{19}{30}$ pounds   J $23\frac{49}{50}$ pounds

7. Charlie picked up 2 planks of wood at the hardware store. One is $6\frac{1}{4}$ feet long and the other is $5\frac{5}{8}$ feet long. How much should he cut from the first plank to make them the same length?

(A) $\frac{5}{8}$ foot   C $1\frac{3}{8}$ feet

B $\frac{1}{2}$ foot   D $1\frac{5}{8}$ feet

8. Carmen used $3\frac{3}{4}$ cups of flour to make a cake. She had $\frac{1}{2}$ cup of flour left over. Which equation can you use to find how much flour she had before baking the cake?

F $x + \frac{1}{2} = 3\frac{3}{4}$ H $3\frac{3}{4} - \frac{1}{2} = x$

(G) $x - 3\frac{3}{4} = \frac{1}{2}$ J $3\frac{3}{4} - x = \frac{1}{2}$

38
Holt Mathematics

LECCIÓN
Resolución de problemas
5-5 Cómo resolver ecuaciones con fracciones: la suma y la resta

Escribe la respuesta correcta en su mínima expresión.

1. A Brian le lleva normalmente $1\frac{1}{2}$ horas para llegar a su trabajo desde el momento en que se levanta de la cama. Su viaje a la oficina le lleva $\frac{3}{4}$ de hora. ¿Cuánto tiempo pasa preparándose para ir a trabajar?

$\frac{3}{4}$ de hora

2. Antes de ir a la peluquería, el cabello de Sheila medía $7\frac{1}{4}$ pulgadas de largo. Cuando salió del salón, medía $5\frac{1}{2}$ pulgadas de largo. ¿Cuánto cabello le cortaron a Sheila?

$1\frac{3}{4}$ pulgadas

3. Una vuelta alrededor del gimnasio tiene $\frac{1}{3}$ de milla de largo. Kim ya corrió 5 vueltas. Si quiere correr 2 millas en total, ¿cuánto más tendrá que correr?

$\frac{1}{3}$ de milla más

4. Darius calculó que su discurso dura $5\frac{1}{6}$ minutos. Su límite de tiempo para el discurso es $4\frac{1}{2}$ minutos. ¿Cuánto necesita acortar su discurso?

$\frac{2}{3}$ de minuto

Encierra en un círculo la letra de la respuesta correcta.

5. Mei y Alex compraron la misma cantidad de alimentos en la salchichonería. Mei compró $1\frac{1}{4}$ libras de pavo y $1\frac{1}{3}$ libras de queso. Alex compró $1\frac{1}{2}$ libras de pavo. ¿Cuánto queso compró Alex?

(A) $1\frac{1}{12}$ libras   C $1\frac{1}{4}$ libras

B $1\frac{1}{6}$ libras   D $4\frac{1}{12}$ libras

6. Cuando Lynn compró su perro Max, éste pesaba $10\frac{1}{2}$ libras. Durante los 6 meses siguientes, aumentó $8\frac{4}{5}$ libras. Cuando se le hizo el control al año de edad, había aumentado otras $4\frac{1}{3}$ libras. ¿Cuánto pesaba Max cuando tenía 1 año?

F $22\frac{19}{30}$ libras   H $23\frac{29}{30}$ libras

(G) $23\frac{19}{30}$ libras   J $23\frac{49}{50}$ libras

7. Charlie compró 2 tablas de madera en la ferretería. Una tabla mide $6\frac{1}{4}$ pies de largo y la otra mide $5\frac{5}{8}$ pies de largo. ¿Cuánto tendría que cortar de la primera tabla para que tengan la misma longitud?

(A) $\frac{5}{8}$ de pie   C $1\frac{3}{8}$ pies

B $\frac{1}{2}$ pie   D $1\frac{5}{8}$ pies

8. Carmen usó $3\frac{3}{4}$ tazas de harina para hacer una torta. Le quedó $\frac{1}{2}$ taza de harina. ¿Qué ecuación puedes usar para hallar cuánta más harina tenía antes de hornear la torta?

F $x + \frac{1}{2} = 3\frac{3}{4}$ H $3\frac{3}{4} - \frac{1}{2} = x$

(G) $x - 3\frac{3}{4} = \frac{1}{2}$ J $3\frac{3}{4} - x = \frac{1}{2}$

Copyright © by Holt, Rinehart and Winston.
All rights reserved.
38
Holt Matemáticas

Problem Solving

LESSON 5-6 *Multiplying Fractions Using Repeated Addition*

Write the answers in simplest form.

1. Did you know that some people have more bones than the rest of the population? About $\frac{1}{20}$ of all people have an extra rib bone. In a crowd of 60 people, about how many people are likely have an extra rib bone?

   3 people

2. The Appalachian National Scenic Trail is the longest marked walking path in the United States. It extends through 14 states for about 2,000 miles. Last year, Carla hiked $\frac{1}{5}$ of the trail. How many miles of the trail did she hike?

   400 miles

3. Human fingernails can grow up to $\frac{1}{10}$ of a millimeter each day. How much can fingernails grow in one week?

   $\frac{7}{10}$ millimeter

4. Most people dream about $\frac{1}{4}$ of the time they sleep. How long will you probably dream tonight if you sleep for 8 hours?

   2 hours

Circle the letter of the correct answer.

5. Today, the United States flag has 50 stars—one for each state. The first official U.S. flag was approved in 1795. It had $\frac{3}{10}$ as many stars as today's flag. How many stars were on the first official U.S. flag?

   A 5 stars
   B 10 stars
   C 15 stars
   D 35 stars

6. The Statue of Liberty is about 305 feet tall from the ground to the tip of her torch. The statue's pedestal makes up about $\frac{1}{2}$ of its height. About how tall is the pedestal of the Statue of Liberty?

   F 610 feet
   G 152 1/2 feet
   H 150 1/2 feet
   J 102 1/2 feet

7. The Caldwells own a 60-acre farm. They planted $\frac{3}{5}$ of the land with corn. How many acres of corn did they plant?

   A 12 acres
   B 36 acres
   C 20 acres
   D 18 acres

8. Objects on Uranus weigh about $\frac{4}{5}$ of their weight on Earth. If a dog weighs 40 pounds on Earth, how much would it weigh on Uranus?

   F 32 pounds
   G 10 pounds
   H 8 pounds
   J 30 pounds

Resolución de problemas

LECCIÓN 5-6 *Cómo multiplicar fracciones por suma repetida*

Escribe las respuestas en su mínima expresión.

1. ¿Sabías que algunas personas tienen más huesos que el resto de la población? Cerca del $\frac{1}{20}$ del total de las personas tiene una costilla más. En un grupo de 60 personas, ¿aproximadamente cuántas personas probablemente tengan una costilla más?

   3 personas

2. El Sendero Panorámico Nacional de los Apalaches es el sendero peatonal marcado más largo de Estados Unidos. Se extiende a través de 14 estados por aproximadamente 2,000 millas. El año pasado, Carla recorrió $\frac{1}{5}$ del sendero. ¿Cuántas millas del sendero caminó?

   400 millas

3. Las uñas de los seres humanos pueden crecer hasta $\frac{1}{10}$ de milímetro por día. ¿Cuánto pueden crecer las uñas en una semana?

   $\frac{7}{10}$ de milímetro

4. La mayoría de las personas sueñan aproximadamente $\frac{1}{4}$ del tiempo que duermen. ¿Cuánto tiempo probablemente sueñes esta noche si duermes 8 horas?

   2 horas

Encierra en un círculo la letra de la respuesta correcta.

5. Hoy en día, la bandera de Estados Unidos tiene 50 estrellas, una por cada estado. La primera bandera oficial de EE.UU. fue aprobada en 1795. Tenía $\frac{3}{10}$ de las estrellas que tiene la bandera actual. ¿Cuántas estrellas había en la primera bandera oficial estadounidense?

   A 5 estrellas
   B 10 estrellas
   C 15 estrellas
   D 35 estrellas

6. La Estatua de la Libertad tiene aproximadamente 305 pies de alto desde el suelo hasta la punta de su antorcha. El pedestal de la estatua forma aproximadamente $\frac{1}{2}$ de su altura. ¿Aproximadamente qué altura tiene el pedestal de la Estatua de la Libertad?

   F 610 pies
   G 152 1/2 pies
   H 150 1/2 pies
   J 102 1/2 pies

7. Los Caldwell tienen una granja de 60 acres. Sembraron $\frac{3}{5}$ de la tierra con maíz. ¿Cuántos acres de maíz sembraron?

   A 12 acres   C 20 acres
   B 36 acres   D 18 acres

8. Los objetos en Urano pesan aproximadamente $\frac{4}{5}$ de su peso en la Tierra. Si un perro pesa 40 libras en la Tierra, ¿cuánto pesaría en Urano?

   F 32 libras   H 8 libras
   G 10 libras   J 30 libras

39 **Holt Mathematics**

39 **Holt Matemáticas**

Problem Solving

LESSON 5-7 *Multiplying Fractions*

Use the circle graph to answer the questions. Write each answer in simplest form.

1. Of the students playing stringed instruments, $\frac{3}{4}$ play the violin. What fraction of the whole orchestra is violin players?

   $\frac{3}{8}$ of the orchestra

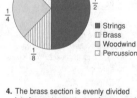

School Orchestra

■ Strings
▦ Brass
▨ Woodwind
□ Percussion

2. Of the students playing woodwind instruments, $\frac{1}{2}$ play the clarinet. What fraction of the whole orchestra is clarinet players?

   $\frac{1}{8}$ of the orchestra

Circle the letter of the correct answer.

3. Two-thirds of the students who play a percussion instrument are boys. What fraction of the musicians in the orchestra is boys who play percussion? girls who play percussion?

   A $\frac{1}{24}$ of the orchestra
   B $\frac{1}{12}$ of the orchestra
   C $\frac{1}{4}$ of the orchestra
   D $\frac{2}{3}$ of the orchestra

4. The brass section is evenly divided into horns, trumpets, trombones, and tubas. What fraction of the whole orchestra do players of each of those brass instruments make up?

   F $\frac{1}{32}$ of the orchestra
   G $\frac{1}{8}$ of the orchestra
   H $\frac{1}{4}$ of the orchestra
   J $\frac{1}{2}$ of the orchestra

5. There are 40 students in the orchestra. How many students play either percussion or brass instruments?

   A 5 students
   B 10 students
   C 8 students
   D 16 students

6. If 2 more violinists join the orchestra, what fraction of all the musicians would play a stringed instrument?

   F $\frac{11}{21}$
   G $\frac{11}{20}$
   H $\frac{1}{20}$
   J $\frac{1}{26}$

Resolución de problemas

LECCIÓN 5-7 *Cómo multiplicar fracciones*

Usa la gráfica circular para responder a las preguntas. Escribe cada respuesta en su mínima expresión.

1. De los estudiantes que tocan instrumentos de cuerda, $\frac{3}{4}$ tocan el violín. ¿Qué fracción del total de la orquesta toca el violín?

   $\frac{3}{8}$ de la orquesta

Orquesta escolar

■ Cuerdas
▦ Metal
▨ Viento de maderas
□ Percusión

2. De los estudiantes que tocan instrumentos de viento de madera, $\frac{1}{2}$ toca el clarinete. ¿Qué fracción del total de la orquesta toca el clarinete?

   $\frac{1}{8}$ de la orquesta

Encierra en un círculo la letra de la respuesta correcta.

3. Dos tercios de los estudiantes que tocan instrumentos de percusión son varones. ¿Qué fracción de los músicos de la orquesta son varones que tocan instrumentos de percusión? ¿Chicas que tocan instrumentos de percusión?

   A $\frac{1}{24}$ de la orquesta
   B $\frac{1}{12}$ de la orquesta
   C $\frac{1}{4}$ de la orquesta
   D $\frac{2}{3}$ de la orquesta

4. La sección de los instrumentos de metal se divide por igual en cuernos, trompetas, trombones y tubas. ¿Qué fracción del total de la orquesta forman los estudiantes que tocan cada uno de esos instrumentos de metal?

   F $\frac{1}{32}$ de la orquesta
   G $\frac{1}{8}$ de la orquesta
   H $\frac{1}{4}$ de la orquesta
   J $\frac{1}{2}$ de la orquesta

5. En la orquesta hay 40 estudiantes. ¿Cuántos estudiantes tocan instrumentos de percusión o de metal?

   A 5 estudiantes
   B 10 estudiantes
   C 8 estudiantes
   D 16 estudiantes

6. Si 2 violinistas más se unen a la orquesta, ¿qué fracción del total de músicos tocaría un instrumento de cuerdas?

   F $\frac{11}{21}$ H $\frac{1}{20}$
   G $\frac{11}{20}$ J $\frac{1}{26}$

40 **Holt Mathematics**

40 **Holt Matemáticas**

---

20 **Holt Middle School Math   Course 1**

Problem Solving
Multiplying Mixed Numbers

Use the recipe to answer the questions.

1. If you want to make $2\frac{1}{2}$ batches, how much flour would you need?

$4\frac{1}{6}$ cups

2. If you want to make only $1\frac{1}{2}$ batches, how much chocolate chips would you need?

$3\frac{1}{2}$ cups

3. You want to bake $3\frac{1}{4}$ batches. How much vanilla do you need in all?

$4\frac{1}{16}$ teaspoons

CHOCOLATE CHIP COOKIES
Servings: 1 batch
$1\frac{2}{3}$ cups flour
$\frac{3}{4}$ teaspoon baking soda
$\frac{1}{2}$ cup white sugar
$2\frac{1}{3}$ cups semisweet chocolate chips
$\frac{1}{2}$ cup brown sugar
$\frac{3}{4}$ cup butter
1 egg
$1\frac{1}{4}$ teaspoons vanilla

Choose the letter for the best answer.

4. If you make $1\frac{1}{4}$ batches, how much baking soda would you need?

A $\frac{3}{16}$ teaspoon C $\frac{3}{5}$ teaspoon

B $\frac{5}{16}$ teaspoon (D) $\frac{15}{16}$ teaspoon

6. Dan used $2\frac{1}{4}$ cups of butter to make chocolate chip cookies using the above recipe. How many batches of cookies did he make?

(A) 3 batches C 5 batches

B 4 batches D 6 batches

5. How many cups of white sugar do you need to make $3\frac{1}{2}$ batches of cookies?

F $3\frac{1}{2}$ cups H $1\frac{1}{2}$ cups

(G) $1\frac{3}{4}$ cups J $1\frac{1}{4}$ cups

7. One bag of chocolate chips holds 2 cups. If you buy five bags, how many cups of chips will you have left over after baking $2\frac{1}{2}$ batches of cookies?

(F) $4\frac{1}{6}$ cups H $2\frac{1}{3}$ cups

G $5\frac{5}{6}$ cups J $\frac{1}{3}$ cup

41 **Holt Mathematics**

LECCIÓN 5-8
Resolución de problemas
Cómo multiplicar números mixtos

Usa la receta para responder a las preguntas.

1. Si quieres hacer $2\frac{1}{2}$ tandas, ¿cuánta harina necesitarías?

$4\frac{1}{6}$ tazas

2. Si quieres hacer sólo $1\frac{1}{2}$ tandas, ¿cuántas chispas de chocolate necesitarías?

$3\frac{1}{2}$ tazas

3. Quieres hornear $3\frac{1}{4}$ tandas. ¿Cuánta vainilla necesitas en total?

$4\frac{1}{16}$ cucharaditas

GALLETAS CON CHISPAS DE CHOCOLATE
Porciones: 1 tanda
$1\frac{2}{3}$ tazas de harina
$\frac{3}{4}$ de cucharadita de polvo de hornear
$\frac{1}{2}$ taza de azúcar blanco
$2\frac{1}{3}$ tazas de chispas de chocolate amargo
$\frac{1}{2}$ taza de azúcar moreno
$\frac{3}{4}$ de taza de mantequilla
1 huevo
$1\frac{1}{4}$ cucharaditas de vainilla

Elige la letra de la mejor respuesta.

4. Si haces $1\frac{1}{4}$ tandas, ¿cuánto polvo de hornear necesitarías?

A $\frac{3}{16}$ cucharadita C $\frac{3}{5}$ cucharadita

B $\frac{5}{16}$ cucharadita (D) $\frac{15}{16}$ cucharadita

6. Dan usó $2\frac{1}{4}$ tazas de mantequilla para hacer galletas con chispas de chocolate según la receta anterior. ¿Cuántas tandas de galletas hizo?

(A) 3 tandas C 5 tandas

B 4 tandas D 6 tandas

5. ¿Cuántas tazas de azúcar blanco necesitas para hacer $3\frac{1}{2}$ tandas de galletas?

F $3\frac{1}{2}$ tazas H $1\frac{1}{2}$ tazas

(G) $1\frac{3}{4}$ tazas J $1\frac{1}{4}$ tazas

7. Una bolsa de chispas de chocolate contiene 2 tazas. Si compras cinco bolsas, ¿cuántas tazas de chispas te sobrarán después de hornear $2\frac{1}{2}$ tandas de galletas?

(F) $4\frac{1}{6}$ tazas H $2\frac{1}{3}$ tazas

G $5\frac{5}{6}$ tazas J $\frac{1}{3}$ tazas

Copyright © by Holt, Rinehart and Winston. All rights reserved. 41 **Holt Matemáticas**

LESSON 5-9
Problem Solving
Dividing Fractions and Mixed Numbers

Write the correct answer in simplest form.

1. Horses are measured in units called *hands*. One inch equals $\frac{1}{4}$ hand. The average Clydesdale horse is $17\frac{1}{5}$ hands high. What is the horse's height in inches? in feet?

$68\frac{4}{5}$ inches; $5\frac{11}{15}$ feet

2. Cloth manufacturers use a unit of measurement called a *finger*. One finger is equal to $4\frac{1}{2}$ inches. If 25 inches are cut off a bolt of cloth, how many fingers of cloth were cut?

$5\frac{5}{9}$ fingers

3. People in England measure weights in units called *stones*. One pound equals $\frac{1}{14}$ of a stone. If a cat weighs $\frac{3}{4}$ stone, how many pounds does it weigh?

$10\frac{1}{2}$ pounds

4. The hiking trail is $\frac{9}{10}$ mile long. There are 6 markers evenly posted along the trail to direct hikers. How far apart are the markers placed?

$\frac{3}{20}$ mile

Choose the letter for the best answer.

5. A cake recipe calls for $1\frac{1}{2}$ cups of butter. One tablespoon equals $\frac{1}{16}$ cup. How many tablespoons of butter do you need to make the cake?

(A) 24 tablespoons

B 8 tablespoons

C $\frac{3}{32}$ tablespoon

D 9 tablespoons

6. Printed letters are measured in units called *points*. One point equals $\frac{1}{72}$ inch. If you want the title of a paper you are typing on a computer to be $\frac{1}{2}$ inch tall, what type point size should you use?

F 144 point

(G) 36 point

H $\frac{1}{36}$ point

J $\frac{1}{144}$ point

7. Phyllis bought 14 yards of material to make chair cushions. She cut the material into pieces $1\frac{3}{4}$ yards long to make each cushion. How many cushions did Phyllis make?

A 4 cushions (C) 8 cushions

B 6 cushions D $24\frac{1}{2}$ cushions

8. Dry goods are sold in units called *pecks* and *bushels*. One peck equals $\frac{1}{4}$ bushel. If Peter picks $5\frac{1}{2}$ bushels of peppers, how many pecks of peppers did Peter pick?

F $1\frac{3}{8}$ pecks H 20 pecks

G 11 pecks (J) 22 pecks

42 **Holt Mathematics**

LECCIÓN 5-9
Resolución de problemas
Cómo dividir fracciones y números mixtos

Escribe la respuesta correcta en su mínima expresión.

1. Los caballos se miden en unidades llamadas *palmos*. Una pulgada equivale a $\frac{1}{4}$ de palmo. El caballo Clydesdale promedio mide $17\frac{1}{5}$ palmos de altura. ¿Cuál es la altura del caballo en pulgadas? ¿En pies?

$68\frac{4}{5}$ pulgadas; $5\frac{11}{15}$ pies

2. Los fabricantes de tela usan una unidad de medida llamada *dedo*. Un dedo es igual a $4\frac{1}{2}$ pulgadas. Si se cortan 25 pulgadas de un rollo de tela, ¿cuántos dedos de tela se cortaron?

$5\frac{5}{9}$ dedos

3. Las personas en Inglaterra miden pesos en unidades llamadas *stones*. Una libra es igual a $\frac{1}{14}$ de stone. Si un gato pesa $\frac{3}{4}$ de stone, ¿cuántas libras pesa?

$10\frac{1}{2}$ libras

4. El sendero de una excursión mide $\frac{9}{10}$ de milla de largo. Hay 6 indicadores colocados en forma pareja a lo largo del sendero para orientar a los excursionistas. ¿A qué distancia están colocados los indicadores?

$\frac{3}{20}$ de milla

Encierra en un círculo la letra de la respuesta correcta.

5. La receta de un pastel requiere $1\frac{1}{2}$ tazas de mantequilla. Una cucharada es igual a $\frac{1}{16}$ de taza. ¿Cuántas cucharadas de mantequilla necesitas para hacer el pastel?

(A) 24 cucharadas

B 8 cucharadas

C $\frac{3}{32}$ de cucharada

D 9 cucharadas

6. Las letras impresas se miden en unidades llamadas *puntos*. Un punto es igual a $\frac{1}{72}$ de pulgada. Si quieres que el título de un trabajo que estás tipeando en una computadora tenga $\frac{1}{2}$ pulgada de alto, ¿qué tipo de tamaño de punto usarías?

F 144 puntos H $\frac{1}{36}$ de punto

(G) 36 puntos J $\frac{1}{144}$ de punto

7. Phyllis compró 14 yardas de tela para hacer almohadones para silla. Cortó la tela en trozos de $1\frac{3}{4}$ yardas de largo para hacer cada almohadón. ¿Cuántos almohadones hizo Phyllis?

A 4 almohadones (C) 8 almohadones

B 6 almohadones D $24\frac{1}{2}$ almohadones

8. Los comestibles no perecederos se venden en unidades llamadas *picotines* y *fanegas*. Un picotín equivale a $\frac{1}{4}$ de fanega. Si Peter compra $5\frac{1}{2}$ fanegas de pimientos, ¿cuántos picotines de pimientos compró Peter?

F $1\frac{3}{8}$ picotín H 20 picotines

G 11 picotines (J) 22 picotines

Copyright © by Holt, Rinehart and Winston. All rights reserved. 42 **Holt Matemáticas**

21 **Holt Middle School Math Course 1**

Problem Solving
5-10 *Solving Fraction Equations: Multiplication and Division*

Solve.

1. The number of T-shirts is multiplied by $\frac{1}{2}$ and the product is 18. Write and solve an equation for the number of T-shirts, where t represents the number of T-shirts.

$t \cdot \frac{1}{2} = 18; \; t = 36$

2. The number of students is divided by 18 and the quotient is $\frac{1}{6}$. Write and solve an equation for the number of students, where s represents the number of students.

$s \div 18 = \frac{1}{6}; \; s = 3$

3. The number of players is multiplied by $2\frac{1}{2}$ and the product is 25. Write and solve an equation for the number of players, where p represents the number of players.

$p \cdot 2\frac{1}{2} = 25; \; p = 10$

4. The number of chairs is divided by $\frac{1}{4}$ and the quotient is 12. Write and solve an equation for the number of chairs, where c represents the number of chairs.

$c \div \frac{1}{4} = 12; \; c = 3$

Circle the letter of the correct answer.

5. Paco bought 10 feet of rope. He cut it into several $\frac{5}{6}$-foot pieces. Which equation can you use to find how many pieces of rope Paco cut?

A $\frac{5}{6} \div 10 = x$

B $\frac{5}{6} \div x = 10$

C $10 \div x = \frac{5}{6}$

D $10x = \frac{5}{6}$

6. Each square on the graph paper has an area of $\frac{4}{9}$ square inch. What is the length and width of each square?

F $\frac{1}{9}$ inch

G $\frac{2}{3}$ inch

H $\frac{2}{9}$ inch

J $\frac{1}{3}$ inch

7. Which operation should you use to solve the equation $6x = \frac{3}{8}$?

A addition
B subtraction
C multiplication
D division

8. A fraction divided by $\frac{2}{3}$ is equal to $1\frac{1}{4}$. What is that fraction?

F $\frac{1}{3}$
G $\frac{5}{6}$
H $\frac{1}{4}$
J $\frac{1}{2}$

43

LECCIÓN **Resolución de problemas**
5-10 *Cómo resolver ecuaciones con fracciones: la multiplicación y la división*

Resuelve.

1. La cantidad de camisetas se multiplica por $\frac{1}{2}$ y el producto es 18. Escribe y resuelve una ecuación para la cantidad de camisetas, donde t representa la cantidad de camisetas.

$t \cdot \frac{1}{2} = 18; \; t = 36$

2. La cantidad de estudiantes se divide por 18 y el cociente es $\frac{1}{6}$. Escribe y resuelve una ecuación para la cantidad de estudiantes, donde s representa la cantidad de estudiantes.

$s \div 18 = \frac{1}{6}; \; s = 3$

3. La cantidad de jugadores se multiplica por $2\frac{1}{2}$ y el producto es 25. Escribe y resuelve una ecuación para la cantidad de jugadores, donde p representa la cantidad de jugadores.

$p \cdot 2\frac{1}{2} = 25; \; p = 10$

4. La cantidad de sillas se divide por $\frac{1}{4}$ y el cociente es 12. Escribe y resuelve una ecuación para la cantidad de sillas, donde c representa la cantidad de sillas.

$c \div \frac{1}{4} = 12; \; c = 3$

Encierra en un círculo la letra de la respuesta correcta.

5. Paco compró 10 pies de cuerda. La cortó en varios trozos de $\frac{5}{6}$ de pie. ¿Qué ecuación puedes usar para hallar cuántos trozos de cuerda cortó Paco?

A $\frac{5}{6} \div 10 = x$

B $\frac{5}{6} \div x = 10$

C $10 \div x = \frac{5}{6}$

D $10x = \frac{5}{6}$

6. Cada cuadrado del papel cuadriculado tiene un área de $\frac{4}{9}$ de pulgada cuadrada. ¿Cuál es la longitud y el ancho de cada cuadrado?

F $\frac{1}{9}$ de pulgada

G $\frac{2}{3}$ de pulgada

H $\frac{2}{9}$ de pulgada

J $\frac{1}{3}$ de pulgada

7. ¿Qué operación deberías usar para resolver la ecuación $6x = \frac{3}{8}$?

A suma
B resta
C multiplicación
D división

8. Una fracción dividida por $\frac{2}{3}$ es igual a $1\frac{1}{4}$. ¿Cuál es esa fracción?

F $\frac{1}{3}$
G $\frac{5}{6}$
H $\frac{1}{4}$
J $\frac{1}{2}$

Copyright © by Holt, Rinehart and Winston. All rights reserved. 43 Holt Matemáticas

---

LESSON **Problem Solving**
6-1 *Problem Solving Skill: Make a Table*

Complete each activity and answer each question.

1. In January, the normal temperature in Atlanta, Georgia, is 41°F. In February, the normal temperature in Atlanta is 45°F. In March, the normal temperature in Atlanta is 54°F, and in April, it is 62°F. Atlanta's normal temperature in May is 69°F. Use this data to complete the table at right.

Atlanta Normal Temperatures

Month	Temperature (°F)
January	41
February	45
March	54
April	62
May	69

2. Use your table from Exercise 1 to find a pattern in the data and draw a conclusion about the temperature in June.

Pattern: The normal temperature in Atlanta increases each month from January to May. Possible conclusion: Atlanta's normal temperature in June is higher than 69°F.

3. In what other ways could you organize the data in a table?

Possible answers: by temperature from lowest to highest, or from highest to lowest

Circle the letter of the correct answer.

4. In which month given does Atlanta have the highest temperature?

A February
B March
C April
D May

5. In which month given does Atlanta have the lowest temperature?

F January
G February
H March
J April

6. Which of these statements about Atlanta's temperature data from January to May is true?

A It is always higher than 40°F.
B It is always lower than 60°F.
C It is hotter in March than in April.
D It is cooler in February than in January.

7. Between which two months in Atlanta does the normal temperature change the most?

F January and February
G February and March
H March and April
J April and May

44

LECCIÓN **Resolución de problemas**
6-1 *Cómo hacer una tabla*

Completa cada actividad y responde a cada pregunta.

1. En enero, la temperatura normal en Atlanta, Georgia, es de 41° F. En febrero, la temperatura normal en Atlanta es de 45° F. En marzo, la temperatura normal en Atlanta es de 54° F y en abril es de 62° F. La temperatura normal en Atlanta en mayo es de 69° F. Usa estos datos para completar la tabla de la derecha.

Temperaturas normales en Atlanta

Mes	Temperatura (°F)
Enero	41
Febrero	45
Marzo	54
Abril	62
Mayo	69

2. Usa tu tabla del Ejercicio 1 para hallar un patrón en los datos y sacar una conclusión acerca de la temperatura en junio.

Patrón: La temperatura normal en Atlanta aumenta cada mes de enero a mayo.

Conclusión posible: La temperatura normal en Atlanta en junio es mayor a 69° F.

3. ¿En qué otras formas podrías organizar los datos en una tabla?

Respuestas posibles: según la temperatura, de la más baja a la más alta o de la más alta a la más baja

Encierra en un círculo la letra de la respuesta correcta.

4. ¿En qué mes dado tiene Atlanta la mayor temperatura?

A febrero
B marzo
C abril
D mayo

5. ¿En qué mes dado tiene Atlanta la menor temperatura?

F enero
G febrero
H marzo
J abril

6. ¿Cuáles de los siguientes enunciados acerca de los datos de la temperatura de Atlanta de enero a mayo es verdadero?

A Es siempre mayor a 40° F.
B Es siempre menor a 60° F.
C Es más calurosa en marzo que en abril.
D Es más fresca en febrero que en enero.

7. ¿Entre qué dos meses cambia más la temperatura normal en Atlanta?

F enero y febrero
G febrero y marzo
H marzo y abril
J abril y mayo

Copyright © by Holt, Rinehart and Winston. All rights reserved. 44 Holt Matemáticas

22 **Holt Middle School Math** **Course 1**

LESSON
Problem Solving
6-2 Mean, Median, Mode, and Range

Write the correct answer.

1. Use the table at right to find the mean, median, mode, and range of the data set.

   mean: 4 wins; median: 4 wins;

   mode: 3 and 5 wins;

   range: 2 wins

World Series Winners	
Team	**Number of Wins**
Baltimore Orioles	3
Boston Red Sox	5
Detroit Tigers	4
Minnesota Twins	3
Pittsburgh Pirates	5

2. When you use the data for only 2 of the teams in the table, the mean, median, and mode for the data are the same. Which teams are they?

   Orioles and Twins or Pirates and
   Red Sox

Circle the letter of the correct answer.

3. The states that border the Gulf of Mexico are Alabama, Florida, Louisiana, Mississippi, and Texas. What is the mean for the number of letters in those states' names?
   A 7 letters
   B 7.8 letters
   C 8 letters
   D 8.7 letters

4. There are 5 whole numbers in a data set. The mean of the data is 10. The median and mode are both 9. The least number in the data set is 7, and the greatest is 14. What are the numbers in the data set?
   F 7, 7, 9, 11, and 14
   G 7, 7, 9, 9, and 14
   H 7, 9, 9, 11, and 14
   J 7, 9, 9, 14, and 14

5. If the mean of two numbers is 2.5, what is true about the data?
   A Both numbers are greater than 5.
   B One of the numbers is less than 2.
   C One of the numbers is 2.5.
   D The sum of the data is not divisible by 2.

6. Tom wants to find the average height of the students in his class. Which measurement should he find?
   F the range
   G the mean
   H the median
   J the mode

45

LECCIÓN
Resolución de problemas
6-2 Media, mediana, moda y rango

Escribe la respuesta correcta.

1. Usa la tabla de la derecha para hallar la media, la mediana, la moda y el rango del conjunto de datos.

   media: 4 triunfos; mediana:

   4 triunfos; moda: 3 y 5 triunfos;

   rango: 2 triunfos

Ganadores de la Serie Mundial	
Equipo	**Cantidad de triunfos**
Orioles de Baltimore	3
Red Sox de Boston	5
Tigers de Detroit	4
Twins de Minnesota	3
Pirates de Pittsburgh	5

2. Cuando usas los datos de sólo 2 de los equipos de la tabla, la media, la mediana y la moda de los datos son las mismas. ¿Cuáles son esos equipos?

   Orioles y Twins o Pirates y Red Sox

Encierra en un círculo la letra de la respuesta correcta.

3. Los estados que bordean el Golfo de México son Alabama, Florida, Luisiana, Mississippi y Texas. ¿Cuál es la media de la cantidad de letras en los nombres de esos estados?
   A 7 letras
   B 7.8 letras
   C 8 letras
   D 8.7 letras

4. Hay 5 números cabales en un conjunto de datos. La media de los datos es 10. Tanto la mediana como la moda son 9. El número menor en el conjunto de datos es 7 y el mayor es 14. ¿Cuáles son los números en el conjunto de datos?
   F 7, 7, 9, 11, y 14
   G 7, 7, 9, 9, y 14
   H 7, 9, 9, 11, y 14
   J 7, 9, 9, 14, y 14

5. Si la media de dos números es 2.5, ¿qué es verdadero acerca de esa información?
   A Los dos números son mayores que 5.
   B Uno de los números es menor que 2.
   C Uno de los números es 2.5.
   D La suma de los datos no es divisible por 2.

6. Tom quiere hallar la altura promedio de los estudiantes de su clase. ¿Qué medición debería hallar?
   F el rango
   G la media
   H la mediana
   J la moda

45

LESSON
Problem Solving
6-3 Additional Data and Outliers

Use the table to answer the questions.

1. Find the mean, median, and mode of the earnings data.

   mean: $341 million; median:

   $330 million; mode: none

Successful Films in the U.S.	
Film	**U.S. Earnings for first release (million $)**
E.T. the Extra-Terrestrial	400
Forrest Gump	330
Independence Day	305
Jurassic Park	357
The Lion King	313

2. Titanic earned more money in the United States than any other film—a total of $600 million! Add this figure to the data and find the mean, median, and mode. Round your answer for the mean to the nearest whole million.

   mean: $384 million; median:

   $343.5 million; mode: none

Circle the letter of the correct answer.

3. In Canada, people watch TV an average of 74 minutes each day. In Germany, people watch an average of 68 minutes a day. In France it is 67 minutes a day, in Spain it is 91 minutes a day, and in Ireland it is 74 minutes a day. Find the mean, median, and mode of the data.
   A mean: 74 min.; median: 74 min.; mode: 74 min.
   B mean: 74 min.; median: 74.8 min.; mode: 74 min.
   C mean: 74.8 min.; median: 74 min.; mode: 24 min.
   D mean: 74.8 min.; median: 74 min.; mode: 74 min.

4. People in the United States watch more television than in any other country. Americans watch an average of 118 minutes a day! Add this number to the data and find the mean, median, and mode.
   F mean: 82 min.; median: 74 min.; mode: 74 min.
   G mean: 82 min.; median: 74 min.; mode: 118 min.
   H mean: 82 min.; median: 91 min.; mode: 74 min.
   J mean: 74.8 min.; median: 82 min.; mode: 74 min.

5. In Exercise 2, which data measurement changed the least with the addition of Titanic's earnings?
   A the range   C the median
   B the mean   D the upper extreme

6. In Exercise 4, which measurements best describe the data?
   F mean and median
   G range and mean
   H median and mode
   J range and mode

46

LECCIÓN
Resolución de problemas
6-3 Datos adicionales y valores extremos

Usa la tabla para responder a las preguntas.

1. Halla la media, la mediana y la moda de los datos de las ganancias.

   media: $341 millones; mediana:

   $330 millones; moda: ninguna

Películas exitosas en EE.UU.	
Película	**Ganancias en EE.UU. del primer estreno (millones de $)**
E.T. el extraterrestre	400
Forrest Gump	330
Día de la independencia	305
Parque jurásico	357
El rey león	313

2. Titanic ganó más dinero en Estados Unidos que cualquier otra película: ¡un total de $600 millones! Suma esta cifra a los datos y halla la media, la mediana y la moda. Redondea tu respuesta para la media al millón cabal más cercano.

   media: $384 millones; mediana:

   $343.5 millones; moda: ninguna

Encierra en un círculo la letra de la respuesta correcta.

3. En Canadá, las personas miran TV un promedio de 74 minutos por día. En Alemania, las personas miran TV un promedio de 68 minutos por día. En Francia, lo hacen 67 minutos por día, en España, 91 minutos por día y en Irlanda, 74 minutos por día. Halla la media, la mediana y la moda de los datos.
   A media: 74 min.; mediana: 74 min.; moda: 74 min.
   B media: 74 min.; mediana: 74.8 min.; moda: 74 min.
   C media: 74.8 min.; mediana: 74 min.; moda: 24 min.
   D media: 74.8 min.; mediana: 74 min.; moda: 74 min.

4. Las personas en Estados Unidos miran más televisión que en cualquier otro país. ¡Los estadounidenses miran un promedio de 118 minutos por día! Suma este número a los datos y halla la media, la mediana y la moda.
   F media: 82 min.; mediana: 74 min.; moda: 74 min.
   G media: 82 min.; mediana: 74 min.; moda: 118 min.
   H media: 82 min.; mediana: 91 in.; moda: 74 min.
   J media: 74.8 min.; mediana: 82 min.; moda: 74 min.

5. En el Ejercicio 2, ¿qué medición de datos cambió menos al sumar las ganancias de Titanic?
   A el rango   C la media
   B la mediana   D el extremo superior

6. En el Ejercicio 4, ¿qué mediciones describen mejor los datos?
   F la media y la mediana
   G el rango y la media
   H la mediana y la moda
   J el rango y la moda

46

Problem Solving
Bar Graphs

Use the bar graph for Exercises 1–4.

1. What is the range of the goals the hockey players scored per season?

__16 goals__

2. What is the mode of the goals scored?

__76 goals__

3. What is the mean number of goals the players scored?

__83 goals__

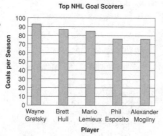

Top NHL Goal Scorers

Use the bar graph for Exercises 5–8.

4. Which team won the most games that season? __New Jersey__

5. Which team lost the most games that season? __NY Islanders__

6. What was the mean number of games won? __37.4 games__

7. What was the mean number of games lost? __33.2 games__

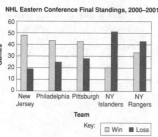

NHL Eastern Conference Final Standings, 2000–2001

Key: □ Win ■ Loss

Circle the letter of the correct answer.

8. Which hockey team had the greatest difference between the number of games won and lost?

A New Jersey
B New York Islanders
C Philadelphia
D Pittsburgh

9. How do you know the mode of a data set by looking at a bar graph?

F The mode has two or more bars on the graph with the same height.
G The mode has the tallest bar.
H The mode has the lowest bar.
J The bar for the mode is in the middle of the graph.

47
Holt Middle School Math Course 1

Resolución de problemas
Gráficas de barras

Usa la gráfica de barras para los Ejercicios del 1 al 4.

1. ¿Cuál es el rango de los goles anotados por los jugadores de hockey por temporada?

__16 goles__

2. ¿Cuál es la moda de los goles anotados?

__76 goles__

3. ¿Cuál es el número medio de goles anotados por los jugadores?

__83 goles__

Goleadores máximos de la NHL

Usa la gráfica de barras para los Ejercicios del 5 al 8.

4. ¿Qué equipo ganó más partidos esa temporada? __New Jersey__

5. ¿Qué equipo perdió más partidos esa temporada? __NY Islanders__

6. ¿Cuál fue el número medio de partidos ganados? __37.4 partidos__

7. ¿Cuál fue el número medio de partidos ganados? __33.2 partidos__

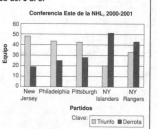

Conferencia Este de la NHL, 2000-2001

Clave: □ Triunfo ■ Derrota

Encierra en un círculo la letra de la respuesta correcta.

8. ¿Qué equipo de hockey tuvo la mayor diferencia entre la cantidad de partidos ganados y perdidos?

A New Jersey
B New York Islanders
C Philadelphia
D Pittsburgh

9. ¿Cómo sabes la moda de un conjunto de datos al mirar una gráfica de barras?

F La moda tiene dos o más barras de la misma altura en la gráfica.
G La moda tiene la barra más alta.
H La moda tiene la barra más baja.
J La barra de la moda está en el centro de la gráfica.

47
Holt Matemáticas

Problem Solving
Line Plots, Frequency Tables, and Histograms

The sixth grade class voted on their favorite ice cream flavors. The results of the vote are shown below.

chocolate	vanilla	strawberry	vanilla	vanilla
vanilla	chocolate	vanilla	chocolate	strawberry
chocolate	strawberry	vanilla	vanilla	chocolate

1. Use the data to make a tally table. How many students voted in all?

__15 students__

2. Which flavor got the most votes?

__vanilla__

Ice Cream Flavor Votes

Flavor	Number of Votes
Chocolate	ⅢⅠ
Vanilla	ⅢⅡ
Strawberry	Ⅲ

Use the histogram for Exercises 3–5.

3. How many years make up each age interval on the histogram?

__20 years__

4. Which range of ages on the histogram has the highest population?

__25–44__

5. Which range of ages has the lowest population?

__65–84__

U.S. Population (By Age)

Circle the letter of the correct answer.

6. Which of the following cannot be used to make a frequency table with intervals?

A histogram
B tally table
C line plot
D double-bar graph

7. Which question can be answered by using the histogram above?

A How many people in the United States are younger than 5 years?
B What is the mean age of all people in the United States?
C How many people in the United States are older than 84 years old?
D How many people in the United States are age 25 to 64?

48
Holt Middle School Math Course 1

Resolución de problemas
Diagramas de acumulación, tablas de frecuencia e histogramas

La clase de sexto grado votó por su sabor favorito de helado. Los resultados de la votación se muestran a continuación.

chocolate	vainilla	fresa	vainilla	vainilla
vainilla	chocolate	vainilla	chocolate	fresa
chocolate	fresa	vainilla	vainilla	chocolate

1. Usa los datos para hacer una tabla de conteo. ¿Cuántos estudiantes votaron en total?

__15 estudiantes__

2. ¿Qué sabor obtuvo más votos?

__vainilla__

Votación de sabores de helado

Sabor	Cantidad de votos
Chocolate	ⅢⅠ
Vainilla	ⅢⅡ
Fresa	Ⅲ

Usa el histograma para los Ejercicios del 3 al 5.

3. ¿Cuántos años forman cada intervalo de edades en el histograma?

__20 años__

4. ¿Qué rango de edades del histograma tiene la mayor población?

__25–44__

5. ¿Qué rango de edades tiene la menor población?

__65–84__

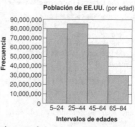

Población de EE.UU. (por edad)

Encierra en un círculo la letra de la respuesta correcta.

6. ¿Cuál de las siguientes opciones no puede usarse para hacer una tabla de frecuencia con intervalos?

A histograma
B tabla de conteo
C diagrama de acumulación
D gráfica de doble barra

7. ¿Qué pregunta se puede responder usando el histograma de arriba?

A ¿Cuántas personas en Estados Unidos son menores de 5 años?
B ¿Cuál es la edad media de todas las personas en Estados Unidos?
C ¿Cuántas personas en Estados Unidos son mayores de 84 años?
D ¿Cuántas personas en Estados Unidos tienen entre 25 y 64 años?

48
Holt Matemáticas

24
Holt Middle School Math Course 1

LESSON 6-6 Problem Solving
Ordered Pairs

Use the coordinate grid to answer each question.

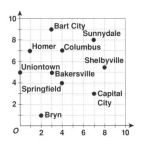

1. What city is located at point (4, 4) on the map?

   Springfield

2. Which city is located at point $(8, 5\frac{1}{2})$ on the map?

   Shelbyville

3. Which city's location is given by an ordered pair that includes a 0?

   Uniontown

4. What ordered pair describes the location of Capital City?

   (7, 3)

5. If you started at (0, 0) and moved 1 unit north and 2 units east, which city would you reach?

   Bryn

6. Which two cities on the map are both located 4 units to the right of (0, 0)?

   Springfield and Columbus

Circle the letter of the correct answer.

7. If you started in Bart City and moved 2 units south and 2 units west, which city would you reach?
   - A Columbus
   - B Sunnydale
   - C Homer
   - D Bakersville

8. Starting at (0, 0), which of the following directions would lead you to Capital City?
   - F Go 7 units east and 3 units north.
   - G Go 5 units north and 3 units east.
   - H Go 3 unit east and 7 units north.
   - J Go 8 units east and 6 units north.

49

LECCIÓN 6-6 Resolución de problemas
Pares ordenados

Usa la cuadrícula de coordenadas para responder a cada pregunta.

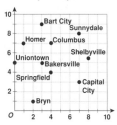

1. ¿Qué ciudad está ubicada en el punto (4, 4) del mapa?

   Springfield

2. ¿Qué ciudad está ubicada en el punto $(8, 5\frac{1}{2})$ del mapa?

   Shelbyville

3. ¿La ubicación de qué ciudad está dada por un par ordenado que incluye un 0?

   Uniontown

4. ¿Qué par ordenado describe la ubicación de Capital City?

   (7, 3)

5. Si comenzaras en (0, 0) y te desplazaras 1 unidad hacia el norte y 2 unidades hacia el este, ¿qué ciudad encontrarías?

   Bryn

6. ¿Qué dos ciudades del mapa están ubicadas 4 unidades hacia la derecha de (0, 0)?

   Springfield y Columbus

Encierra en un círculo la letra de la respuesta correcta.

7. Si comenzaras en Bart City y te desplazaras 2 unidades hacia el sur y 2 unidades hacia el oeste, ¿a qué ciudad llegarías?
   - A Columbus
   - B Sunnydale
   - C Homer
   - D Bakersville

8. Comenzando en (0, 0), ¿cuál de las siguientes instrucciones te llevaría a Capital City?
   - F Ve 7 unidades hacia el este y 3 unidades hacia el norte.
   - G Ve 5 unidades hacia el norte y 3 unidades hacia el este.
   - H Ve 3 unidades hacia el este y 7 unidades hacia el norte.
   - J Ve 8 unidades hacia el este y 6 unidades hacia el norte.

49

LESSON 6-7 Problem Solving
Line Graphs

Use the line graphs to answer each question.

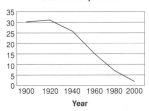

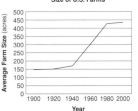

1. In which year was the U.S. farm population the highest? the lowest?

   1920; 2000

2. In which year was the size of the average U.S. farm the largest? the smallest?

   2000; 1900

3. In general, how has the U.S. farm population changed in the last 100 years?

   The population has decreased.

4. In general, how has the size of the average U.S. farm changed in the last 100 years?

   The average size has increased.

Circle the letter of the correct answer.

5. How many people lived on farms in the United States in 1940?
   - A 31 million
   - B 30 million
   - C 26 million
   - D 15 million

6. How many acres did the average farm in the United States cover in 1980?
   - F 150 acres
   - G 300 acres
   - H 400 acres
   - J 426 acres

7. Between which two years did the U.S. farm population increase?
   - A 1900 and 1920
   - B 1920 and 1940
   - C 1940 and 1960
   - D 1960 and 1980

8. Between which two years did the average size of farms in the United States change the least?
   - F 1900 and 1920
   - G 1920 and 1940
   - H 1960 and 1980
   - J 1980 and 2000

50

LECCIÓN 6-7 Resolución de problemas
Gráficas lineales

Usa las gráficas lineales para responder a cada pregunta.

1. ¿En qué año la población agrícola de EE.UU. fue la más alta? ¿La más baja?

   1920; 2000

2. ¿En qué año el tamaño de la granja promedio de EE.UU. fue el mayor? ¿El menor?

   2000; 1900

3. En general, ¿cómo ha cambiado la población agrícola de EE.UU. en los últimos 100 años?

   La población ha disminuido.

4. En general, ¿cómo ha cambiado el tamaño de la granja promedio de EE.UU. en los últimos 100 años?

   El tamaño promedio ha aumentado.

Encierra en un círculo la letra de la respuesta correcta.

5. ¿Cuántas personas vivían en granjas en Estados Unidos en 1940?
   - A 31 millones
   - B 30 millones
   - C 26 millones
   - D 15 millones

6. ¿Cuántos acres cubría la granja promedio de Estados Unidos en 1980?
   - F 150 acres
   - G 300 acres
   - H 400 acres
   - J 426 acres

7. ¿Entre qué dos años creció la población agrícola de EE.UU.?
   - A 1900 y 1920
   - B 1920 y 1940
   - C 1940 y 1960
   - D 1960 y 1980

8. ¿Entre que dos años el tamaño promedio de las granjas de Estados Unidos cambió menos?
   - F 1900 y 1920
   - G 1920 y 1940
   - H 1960 y 1980
   - J 1980 y 2000

50

25 Holt Middle School Math Course 1

Problem Solving
6-8 Misleading Graphs

Use the graphs to answer each question. **Possible answers:**

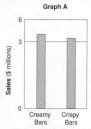
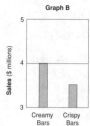
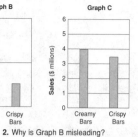

1. Why is Graph A misleading?

The vertical scale intervals are not equal, which makes the data look closer than it actually is.

2. Why is Graph B misleading?

The lower part of the vertical scale is missing; differences in sales are exaggerated.

3. What might people believe from reading Graph A?

About the same number of Crispy Bars and Creamy Bars were sold.

4. What might people believe from reading Graph B?

Creamy Bar sales were twice the sales of Crispy Bar sales.

Circle the letter of the correct answer.

5. Which of the following information is different on all three graphs above?
- (A) the vertical scale
- B the Crispy Bars sales data
- C the Creamy Bars sales data
- D the horizontal scale

6. Which of the following is a way that graphs can be misleading?
- F breaks in scales
- G uneven scales
- H missing parts of scales
- (J) all of the above

7. Which graph do you think was made by the company that sells Crispy Bars?
- (A) Graph A
- B Graph B
- C Graph C
- D all of the graphs

8. If you were writing a newspaper article about candy bar sales, which graph would be best to use?
- F Graph A
- G Graph B
- (H) Graph C
- J all of the above

Holt Mathematics

Resolución de problemas
6-8 Gráficas engañosas

Usa las gráficas para responder a cada pregunta. **Respuestas posibles:**

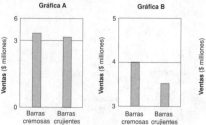

1. ¿Por qué es engañosa la Gráfica A?

Como los intervalos no son iguales, los datos parecen estar más cerca.

2. ¿Por qué es engañosa la Gráfica B?

Falta la parte inferior de la escala vertical; las diferencias en las ventas están exageradas.

3. ¿Qué podrían creer las personas al leer la Gráfica A?

Que se vendieron cantidades similares de las dos barras.

4. ¿Qué podrían creer las personas al leer la Gráfica B?

Que se vendió el doble de barras cremosas que crujientes.

Encierra en un círculo la letra de la respuesta correcta.

5. ¿Cuál de las siguientes opciones es diferente en las tres gráficas de arriba?
- (A) la escala vertical
- B los datos de venta de barras crujientes
- C los datos de venta de barras cremosas
- D la escala horizontal

6. ¿Cuál de las siguientes opciones es una forma en que las gráficas pueden resultar engañosas?
- F discontinuidad en las escalas
- G escalas desparejas
- H partes faltantes en las escalas
- (J) todas las anteriores

7. ¿Qué gráfica crees que hizo la compañía de barras crujientes?
- (A) Gráfica A
- B Gráfica B
- C Gráfica C
- D todas

8. Si estuvieras escribiendo un artículo acerca de las ventas de chocolates, ¿qué gráfica convendría usar?
- F Gráfica A
- G Gráfica B
- (H) Gráfica C
- J todas

Holt Matemáticas

Problem Solving
6-9 Stem-and-Leaf Plots

Use the Texas stem-and-leaf plots to answer each question.

Dallas Normal Monthly Temperatures

Stem	Leaves
4	3 7 8
5	6 7
6	6 7
7	3 7
8	1 5 5

Key: 4 | 3 = 43°F

Houston Normal Monthly Temperatures

Stem	Leaves
5	0 4 4
6	1 1 8
7	0 5 8
8	0 2 3

Key: 5 | 0 = 50°F

1. Which city's temperature data has a mode of 85°F?

Dallas

2. Which city's temperature data has a range of 33°F?

Houston

3. Which city has the lowest data value? What is that value?

Dallas; 43°F

4. Which city has the highest data value? What is that value?

Dallas; 85°F

Circle the letter of the correct answer.

5. Which city's temperature data has a mean of 68°F?
- A Dallas
- (B) Houston
- C both Dallas and Houston
- D neither Dallas nor Houston

6. Which city's temperature data has a median of 69°F?
- F Dallas
- (G) Houston
- H both Dallas and Houston
- J neither Dallas nor Houston

7. What do the data values 54°F and 61°F represent for the plots above?
- A the ranges of normal temperatures in Dallas and Houston
- (B) the mode of normal temperatures for Houston
- C the mean and median normal temperatures for Dallas
- D the lowest normal temperatures for Dallas and Houston

8. Which of the following would be the best way to display the Dallas and Houston temperature data?
- (F) on a line graph
- G in a tally table
- H on a bar graph
- J on a coordinate plane

Holt Mathematics

Resolución de problemas
6-9 Diagramas de tallo y hojas

Usa los diagramas de tallo y hojas de Texas para responder a cada pregunta.

Temperaturas normales mensuales en Dallas

Tallo	Hojas
4	3 7 8
5	6 7
6	6 7
7	3 7
8	1 5 5

Clave: 4 | 3 = 43° F

Temperaturas normales mensuales en Houston

Tallo	Hojas
5	0 4 4
6	1 1 8
7	0 5 8
8	0 2 3

Clave: 5 | 0 = 50° F

1. ¿Los datos de temperatura de qué ciudad tienen una moda de 85° F?

Dallas

2. ¿Los datos de temperatura de qué ciudad tienen un rango de 33° F?

Houston

3. ¿Qué ciudad tiene el menor valor de datos? ¿Cuál es ese valor?

Dallas; 43° F

4. ¿Qué ciudad tiene el mayor valor de datos? ¿Cuál es ese valor?

Dallas; 85° F

Encierra en un círculo la letra de la respuesta correcta.

5. ¿Los datos de temperatura de qué ciudad tienen una media de 68° F?
- A Dallas
- (B) Houston
- C Dallas y Houston
- D ni Dallas ni Houston

6. ¿Los datos de temperatura de qué ciudad tienen una mediana de 69° F?
- F Dallas
- (G) Houston
- H Dallas y Houston
- J ni Dallas ni Houston

7. ¿Qué representan los valores de datos 54° F y 61° F en los diagramas de arriba?
- A los rangos de las temperaturas normales en Dallas y Houston
- (B) la moda de las temperaturas normales en Houston
- C las temperaturas normales medias y medianas en Dallas
- D las temperaturas normales más bajas en Dallas y Houston

8. ¿Cuál de las siguientes opciones sería la mejor forma de mostrar los datos de temperatura de Dallas y Houston?
- (F) en una gráfica lineal
- G en una tabla de conteo
- H en una gráfica de barras
- J en un plano cartesiano

Holt Matemáticas

Holt Middle School Math   Course 1

6-10 *Multiple Representations of Data*

1. Write *line plot, stem-and-leaf plot, line graph,* or *bar graph* to describe the most appropriate way to show the height of a sunflower plant every week for one month.

<u>line graph</u>

2. Write *line plot, stem-and-leaf plot, line graph,* or *bar graph* to describe the most appropriate way to show the number of votes received by each candidate running for class president

<u>bar graph</u>

3. Write *line plot, stem-and-leaf plot, line graph,* or *bar graph* to describe the most appropriate way to show the test scores each student received on a math quiz.

<u>stem-and-leaf plot</u>

4. Write *line plot, stem-and-leaf plot, line graph,* or *bar graph* to describe the most appropriate way to show the average time spent sleeping per day by 30 sixth-grade students.

<u>line plot</u>

Circle the letter of the correct answer.

5. People leaving a restaurant were asked how much they spent for lunch. Here are the results of the survey to the nearest dollar: $8, $7, $9, $7, $10, $5, $8, $8, $12, $8. Which type of graph would be most appropriate to show the data?

A bar graph
B line graph
(C) line plot
D stem-and-leaf plot

6. People leaving a movie theater were asked their age. Here are the results of the survey to the nearest year: 12, 11, 13, 15, 22, 31, 40, 12, 17, 20, 33, 16, 12, 24, 19. Which type of graph would be most appropriate to show the data?

F bar graph
G line graph
H line plot
(J) stem-and-leaf plot

7. What is the median amount of money spent on lunch in Exercise 5?

A $7
(B) $8
C $9
D $12

8. What is the median age of the movie-goers in Exercise 6?

F 15
G 16
(H) 17
J 19

53

LECCIÓN **Resolución de problemas**
6-10 *Cómo elegir una representación adecuada*

1. Escribe *diagrama de acumulación, diagrama de tallo y hojas, gráfica lineal* o *gráfica de barras* para describir la forma más apropiada de mostrar la altura de una planta de girasol todas las semanas durante un mes.

<u>gráfica lineal</u>

2. Escribe *diagrama de acumulación, diagrama de tallo y hojas, gráfica lineal* o *gráfica de barras* para describir la forma más apropiada de mostrar la cantidad de votos recibidos por cada candidato a presidente de la clase.

<u>gráfica de barras</u>

3. Escribe *diagrama de acumulación, diagrama de tallo y hojas, gráfica lineal* o *gráfica de barras* para describir la forma más apropiada de mostrar los puntajes de examen que recibió cada estudiante en una prueba de matemáticas.

<u>diagrama de tallo y hojas</u>

4. Escribe *diagrama de acumulación, diagrama de tallo y hojas, gráfica lineal* o *gráfica de barras* para describir la forma más apropiada de mostrar el tiempo promedio que duermen por día 30 estudiantes de sexto grado.

<u>diagrama de acumulación</u>

Encierra en un círculo la letra de la respuesta correcta.

5. A las personas que salían de un restaurante se les preguntó cuánto gastaron en el almuerzo. Aquí están los resultados de la encuesta al dólar más cercano: $8, $7, $9, $7, $10, $5, $8, $8, $12, $8. ¿Qué tipo de gráfica sería la más apropiada para mostrar los datos?

A gráfica de barras
B gráfica lineal
(C) diagrama de acumulación
D diagrama de tallo y hojas

6. A las personas que salían de un cine se les preguntó sus edades. Aquí están los resultados de la encuesta a la edad más cercana: 12, 11, 13, 15, 22, 31, 40, 12, 17, 20, 33, 16, 12, 24, 19. ¿Qué tipo de gráfica sería la más apropiada para mostrar los datos?

F gráfica de barras
G gráfica lineal
H diagrama de acumulación
(J) diagrama de tallo y hojas

7. ¿Cuál es la cantidad mediana de dinero que se gastó en el almuerzo en el Ejercicio 5?

A $7
(B) $8
C $9
D $12

8. ¿Cuál es la edad mediana de las personas que fueron al cine en el Ejercicio 6?

F 15
G 16
(H) 17
J 19

Copyright © by Holt, Rinehart and Winston.
All rights reserved.
53
Holt Matemáticas

LESSON **Problem Solving**
7-1 *Ratios and Rates*

Use the table to answer each question.

Atomic Particles of Elements

Element	Protons	Neutrons	Electrons
Gold	79	118	79
Iron	26	30	26
Neon	10	10	10
Platinum	78	117	78
Silver	47	61	47
Tin	50	69	50

1. What is the ratio of gold protons to silver protons?

<u>79:47</u>

2. What is the ratio of gold neutrons to platinum protons?

<u>118:78 or 59:39</u>

3. What are two equivalent ratios of the ratio of neon protons to tin protons?

<u>Possible answer: 10:50 and 1:5</u>

4. What are two equivalent ratios of the ratio of iron protons to iron neutrons?

<u>Possible answer: 26:30 and 13:15</u>

Circle the letter of the correct answer.

5. A ratio of one element's neutrons to another element's electrons is equivalent to 3 to 5. What are those two elements?

(A) iron neutrons to tin electrons
B gold neutrons to tin electrons
C tin neutrons to gold electrons
D neon neutrons to iron electrons

6. The ratio of two elements' protons is equivalent to 3 to 1. What are those two elements?

F gold to tin
G neon to tin
(H) platinum to iron
J silver to gold

7. Which element in the table has a ratio of 1 to 1, no matter what parts you are comparing in the ratio?

A iron　　C tin
(B) neon　　D silver

8. If the ratio for any element is 1:1, which two parts is the ratio comparing?

F protons to neutrons
G electrons to neutrons
(H) protons to electrons
J neutrons to electrons

54

LECCIÓN **Resolución de problemas**
7-1 *Razones y tasas*

Usa la tabla para responder a cada pregunta.

Partículas atómicas de los elementos

Elemento	Protones	Neutrones	Electrones
Oro	79	118	79
Hierro	26	30	26
Neón	10	10	10
Platino	78	117	78
Plata	47	61	47
Estaño	50	69	50

1. ¿Cuál es la razón de protones de oro a protones de plata?

<u>79:47</u>

2. ¿Cuál es la razón de neutrones de oro a protones de platino?

<u>118:78 ó 59:39</u>

3. ¿Cuáles son dos razones equivalentes de la razón de protones de neón a protones de estaño?

<u>Respuesta posible: 10:50 y 1:5</u>

4. ¿Cuáles son dos razones equivalentes de la razón de protones de hierro a neutrones de hierro?

<u>Respuesta posible: 26:30 y 13:15</u>

Encierra en un círculo la letra de la respuesta correcta.

5. La razón de los neutrones de un elemento a los electrones de otro elemento es equivalente a 3 a 5. ¿Cuáles son esos dos elementos?

(A) neutrones de hierro a electrones de estaño
B neutrones de oro a electrones de estaño
C neutrones de estaño a electrones de oro
D neutrones de neón a electrones de hierro

6. La razón de los protones de dos elementos es equivalente a 3 a 1. ¿Cuáles son esos dos elementos?

F oro a estaño
G neón a estaño
(H) platino a hierro
J plata a oro

7. ¿Qué elemento de la tabla tiene una razón de 1 a 1, independientemente de qué partes compares en la razón?

A hierro　　C neón
(B) estaño　　D plata

8. Si la razón de cualquier elemento es 1:1, ¿qué dos partes compara la razón?

F protones a neutrones
G electrones a neutrones
(H) protones a electrones
J neutrones a electrones

Copyright © by Holt, Rinehart and Winston.
All rights reserved.
54
Holt Matemáticas

Use the table to answer the questions.

School Outing Student-to-Parent Ratios

Number of Students	8	16	24	32	40	48	56	64	72
Number of Parents	2	4	6	8	10	12	14	16	18

1. Each time some students go on a school outing, their teachers invite students' parents to accompany them. Predict how many parents will accompany 88 students.

   22 parents

2. Next week 112 students will go to the Science Museum. Their teachers invited some of the students' parents to go with them. How many parents do you predict will go with the students to the Science Museum?

   24 parents

Circle the letter of the correct answer.

3. Tanya's class of 28 students will be going to the Nature Center. How many parents do you predict Tanya's teacher will invite to accompany them?
   A 5 parents
   B 7 parents
   C 9 parents
   D 11 parents

4. Some students will be going on an outing to the local police station. Their teachers invited 13 parents to accompany them. How many students do you predict will be going on the outing?
   F 49 students
   G 50 students
   H 51 students
   J 52 students

5. In June, all of the students in the school will be going on their annual picnic. If there are 416 students in the school, what do you predict the number of parents accompanying them on the picnic will be?
   A 52 parents
   B 78 parents
   C 104 parents
   D 156 parents

6. On Tuesday, all of the sixth-grade students will be going to the Space Museum. Their teachers invited 21 parents to accompany them. How many sixth graders do you predict will be going to the Space Museum?
   F 80 sixth graders
   G 82 sixth graders
   H 84 sixth graders
   J 86 sixth graders

55
Holt Mathematics

LECCIÓN 7-2 Resolución de problemas
Cómo usar tablas para explorar razones y tasas equivalentes

Usa la tabla para responder a las preguntas.

Razones de estudiantes a padres en excursiones escolares

Número de estudiantes	8	16	24	32	40	48	56	64	72
Número de padres	2	4	6	8	10	12	14	16	18

1. Cada vez que unos estudiantes hacen una excursión escolar, los maestros invitan a los padres de los estudiantes a que los acompañen. Predice cuántos padres acompañarán a 88 estudiantes.

   22 padres

2. La semana que viene irán 112 estudiantes al Museo de Ciencias. Sus maestros invitaron a algunos de los padres de los estudiantes a ir con ellos. ¿Cuántos padres predices que irán con los estudiantes al Museo de Ciencias?

   24 padres

Encierra en un círculo la letra de la respuesta correcta.

3. La clase de Tanya de 28 estudiantes irá al Centro de la Naturaleza. ¿A cuántos padres predices que el maestro de Tanya invitará para que los acompañen?
   A 5 padres
   B 7 padres
   C 9 padres
   D 11 padres

4. Algunos estudiantes irán a una excursión a la estación de policía local. Sus maestros invitaron a 13 padres para acompañarlos. ¿Cuántos alumnos predices que irán a la excursión?
   F 49 estudiantes
   G 50 estudiantes
   H 51 estudiantes
   J 52 estudiantes

5. En junio, todos los estudiantes de la escuela irán a su picnic anual. Si hay 416 estudiantes en la escuela, ¿cuál predices que será el número de padres que los acompañarán al picnic?
   A 52 padres
   B 78 padres
   C 104 padres
   D 156 padres

6. El martes, todos los estudiantes de sexto grado irán al Museo Espacial. Sus maestros invitaron a 21 padres para que los acompañen. ¿Cuántos estudiantes de sexto grado predices que irán al Museo Espacial?
   F 80 estudiantes
   G 82 estudiantes
   H 84 estudiantes
   J 86 estudiantes

Copyright © by Holt, Rinehart and Winston.
All rights reserved.
55
Holt Matemáticas

Write the correct answer.

1. For most people, the ratio of the length of their head to their total height is 1:7. Use proportions to test your measurements and see if they match this ratio.

   Answers should test the 1:7 head to height ratio measurements.

2. The ratio of an object's weight on Earth to its weight on the Moon is 6:1. The first person to walk on the Moon was Neil Armstrong. He weighed 165 pounds on Earth. How much did he weigh on the Moon?

   27.5 pounds

3. It has been found that the distance from a person's eye to the end of the fingers of his outstretched hand is proportional to the distance between his eyes at a 10:1 ratio. If the distance between your eyes is 2.3 inches, what should the distance from your eye to your outstretched fingers be?

   23 inches

4. Chemists write the formula of ordinary sugar as $C_{12}H_{22}O_{11}$, which means that the ratios of 1 molecule of sugar are always 12 carbon atoms to 22 hydrogen atoms to 11 oxygen atoms. If there are 4 sugar molecules, how many atoms of each element will there be?

   48 carbon, 88 hydrogen, 44 oxygen

Circle the letter of the correct answer.

5. A healthy diet follows the ratio for meat to vegetables of 2.5 servings to 4 servings. If you eat 7 servings of meat a week, how many servings of vegetables should you eat?
   A 28 servings   C 14 servings
   B 17.5 servings   D 11.2 servings

6. A 150-pound person will burn 100 calories while sitting still for 1 hour. Following this ratio, how many calories will a 100-pound person burn while sitting still for 1 hour?
   F $666\frac{2}{3}$ calories   H $6\frac{2}{3}$ calories
   G $66\frac{2}{3}$ calories   J 6 calories

7. Recently, 1 U.S. dollar was worth 1.58 euros. If you exchanged $25 at that rate, how many euros would you get?
   A 39.50 euros
   B 15.82 euros
   C 26.58 euros
   D 23.42 euros

8. Recently, 1 U.S. dollar was worth 0.69 English pound. If you exchanged 500 English pounds, how many dollars would you get?
   F 345 U.S. dollars
   G 725 U.S. dollars
   H 500.69 U.S dollars
   J 499.31 U.S. dollars

56
Holt Mathematics

LECCIÓN 7-3 Resolución de problemas
Proporciones

Escribe la respuesta correcta.

1. Para la mayoría de las personas, la razón de la longitud de su cabeza a su altura total es 1:7. Usa proporciones para probar tus medidas y ver si concuerdan con esta razón.

   Las respuestas deberían poner a prueba las medidas de la razón de cabeza a altura de 1:7

2. La razón del peso de un objeto en la Tierra a su peso en la Luna es 6:1. La primera persona que caminó sobre la Luna fue Neil Armstrong. Él pesaba 165 libras en la Tierra. ¿Cuánto pesaba en la Luna?

   27.5 libras

3. Se ha descubierto que la distancia del ojo de una persona al extremo de sus dedos con la mano extendida es proporcional a la distancia entre sus ojos a una razón de 10:1. Si la distancia entre tus ojos es 2.3 pulgadas, ¿cuál debería ser la distancia desde tu ojo a tus dedos extendidos?

   23 pulgadas

4. Los químicos escriben la fórmula del azúcar común como $C_{12}H_{22}O_{11}$, lo que significa que las razones de 1 molécula de azúcar siempre son 12 átomos de carbono a 22 átomos de hidrógeno a 11 átomos de oxígeno. En 4 moléculas de azúcar, ¿cuántos átomos de cada elemento habrá?

   48 de carbono, 88 de hidrógeno, 44 de oxígeno

Encierra en un círculo la letra de la respuesta correcta.

5. La razón de carne a vegetales de una dieta sana es 2.5 porciones de carne a 4 porciones de vegetales. Si comes 7 porciones de carne por semana, ¿cuántas porciones de vegetales deberías comer?
   A 28 porciones   C 14 porciones
   B 17.5 porciones   D 11.2 porciones

6. Una persona de 150 libras quema 100 calorías mientras está sentada quieta durante una hora. Basándote en esta razón, ¿cuántas calorías quema una persona que pesa 100 libras mientras está sentada quieta durante una hora?
   F $666\frac{2}{3}$ calorías   H $6\frac{2}{3}$ calorías
   G $66\frac{2}{3}$ calorías   J 6 calorías

7. Recientemente, 1 dólar estadounidense valía 1.58 euros. Si cambiaras $25 a esa tasa, ¿cuántos euros obtendrías?
   A 39.50 euros   C 26.58 euros
   B 15.82 euros   D 23.42 euros

8. Recientemente, 1 dólar estadounidense valía 0.69 libra inglesa. Si cambiaras 500 libras inglesas a esa tasa, ¿cuántos dólares obtendrías?
   F 345 dólares   H 500.69 dólares
   G 725 dólares   J 499.31 dólares

Copyright © by Holt, Rinehart and Winston.
All rights reserved.
56
Holt Matemáticas

Problem Solving
7-4 *Similar Figures*

Write the correct answe

1. The map at right shows the dimensions of the Bermuda Triangle, a region of the Atlantic Ocean where many ships and airplanes have disappeared. If a theme park makes a swimming pool in a similar figure, and the longest side of the pool is 0.5 mile long, about how long would the other sides of the pool have to be?

0.403 mile

2. Completed in 1883, *The Battle of Gettysburg* is 410 feet long and 70 feet tall. A museum shop sells a print of the painting that is similar to the original. The print is 2.05 feet long. How tall is the print?

0.35 ft

3. *Panorama of the Mississippi* was 12 feet tall and 5,000 feet long! If you wanted to make a copy similar to the original that was 2 feet tall, how many feet long would the copy have to be?

$833\frac{1}{3}$ **feet**

Circle the letter of the correct answer.

4. Two tables shaped like triangles are similar. The measure of one of the larger table's angles is 38°, and another angle is half that size. What are the measures of all the angles in the smaller table?

  A 19°, 9.5°, and 61.5°
  B 38°, 19°, and 123°
  C 38°, 38°, and 104°
  D 76°, 38°, and 246°

5. Two rectangular gardens are similar. The area of the larger garden is 8.28 m², and its length is 6.9 m. The smaller garden is 0.6 m wide. What is the smaller garden's length and area?

  F length = 6.9 m; area = 2.07 m²
  G length = 3.45 m; area = 4.14 m²
  H length = 3.45 m; area = 1.97 m²
  J length = 3.45 m; area = 2.07 m²

6. Which of the following is not always true if two figures are similar?

  A They have the same shape.
  B They have the same size.
  C Their corresponding sides have proportional lengths.
  D Their corresponding angles are

7. Which of the following figures are always similar?

  F two rectangles
  G two triangles
  H two squares
  J two pentagons

57

LECCIÓN
Resolución de problemas
7-4 *Figuras semejantes*

Escribe la respuesta correcta.

1. En el mapa de la derecha se muestran las dimensiones del Triángulo de las Bermudas, una región del Océano Atlántico donde desaparecieron muchos barcos y aviones. Si un parque temático hace una piscina con una forma semejante y el lado más largo de la piscina mide 0.5 milla de largo, ¿aproximadamente cuánto tendrán que medir los otros lados de la piscina?

0.403 milla

2. El cuadro *La Batalla de Gettysburg*, terminado en 1883, mide 410 pies de largo por 70 pies de alto. La tienda de un museo vende una reproducción del cuadro que es semejante al original. La reproducción mide 2.05 pies de largo. ¿Cuál es la altura de la reproducción?

0.35 pie

3. ¡*Panorama del Mississippi* medía 12 pies de alto y 5,000 pies de largo! Si quisieras hacer una copia semejante al original que mida 2 pies de alto, ¿cuántos pies de largo tendría que medir la copia?

$833\frac{1}{3}$ **pies**

Encierra en un círculo la letra de la respuesta correcta.

4. Dos mesas con forma de triángulo son semejantes. Uno de los ángulos de la mesa más grande mide 38° y otro ángulo mide la mitad. ¿Cuáles son las medidas de todos los ángulos de la mesa más pequeña?

  A 19°, 9.5°, y 61.5°
  B 38°, 19°, y 123°
  C 38°, 38°, y 104°
  D 76°, 38°, y 246°

5. Dos jardines rectangulares son semejantes. El área del jardín más grande es 8.28 m² y su longitud es 6.9 m. El jardín más pequeño mide 0.6 m de ancho. ¿Cuál es la longitud y el área del jardín más pequeño?

  F longitud = 6.9 m; área = 2.07 m²
  G longitud = 3.45 m; área = 4.14 m²
  H longitud = 3.45 m; área = 1.97 m²
  J longitud = 3.45 m; área = 2.07 m²

6. ¿Cuál de los siguientes enunciados no siempre es verdadero si dos figuras son semejantes?

  A Tienen la misma forma.
  B Tienen el mismo tamaño.
  C Sus lados correspondientes tienen longitudes proporcionales.
  D Sus ángulos correspondientes son proporcionales.

7. ¿Cuáles de las siguientes figuras siempre son semejantes?

  F dos rectángulos
  G dos triángulos
  H dos cuadrados
  J dos pentágonos

Copyright © by Holt, Rinehart and Winston.
All rights reserved.
57
Holt Matemáticas

Problem Solving
7-5 *Indirect Measurement*

Use the table to answer each question.

1. The Petronas Towers in Malaysia are the tallest buildings in the world. On a sunny day, the Petronas Towers cast shadows that are 4,428 feet long. A 6-foot-tall person standing by one building casts an 18-foot-long shadow. How tall are the Petronas Towers?

1,476 feet

2. The Sears Tower in Chicago is the tallest building in the United States. On a sunny day, the Sears Tower casts a shadow that is 2,908 feet long. A 5-foot-tall person standing by the building casts a 10-foot-long shadow. How tall is the Sears Tower?

1,454 feet

3. The world's tallest man cast a shadow that was 535 inches long. At the same time, a woman who was 5 feet 4 inches tall cast a shadow that was 320 inches long. How tall was the world's tallest man in feet and inches?

8 feet 11 inches

4. Hoover Dam on the Colorado River casts a shadow that is 2,904 feet long. At the same time, an 18-foot-tall flagpole next to the dam casts a shadow that is 72 feet long. How tall is Hoover Dam?

726 feet

Circle the letter of the correct answer.

5. An NFL goalpost casts a shadow that is 170 feet long. At the same time, a yardstick casts a shadow that is 51 feet long. How tall is an NFL goalpost?

  A 100 feet
  B 56 2/3 feet
  C 10 feet
  D 1 foot

6. A gorilla casts a shadow that is 600 centimeters long. A 92-centimeter-tall chimpanzee casts a shadow that is 276 centimeters long. What is the height of the gorilla in meters?

  F 0.2 meter
  G 2 meters
  H 20 meters
  J 200 meters

7. A 6-foot-tall man casts a shadow that is 30 feet long. If a boy standing next to the man casts a shadow that is 12 feet long, how tall is the boy?

  A 2.2 feet
  B 5 feet
  C 2.4 feet
  D 2 feet

8. An ostrich is 108 inches tall. If its shadow is 162 inches long, and an emu standing next to it casts a 90-inch shadow, how tall is the emu?

  F 162 inches
  G 90 inches
  H 60 inches
  J 194.4 inches

58

LECCIÓN
Resolución de problemas
7-5 *Medición indirecta*

Usa la tabla para responder a cada pregunta.

1. Las Torres Petronas en Malasia son los edificios más altos del mundo. En un día de sol, las Torres Petronas proyectan sombras de 4,428 pies de largo. Una persona que mide 6 pies parada junto a uno de los edificios proyecta una sombra de 18 pies de largo. ¿Cuánto miden las Torres Petronas?

1,476 pies

2. La Torre Sears en Chicago es el edificio más alto de Estados Unidos. En un día de sol, la Torre Sears proyecta una sombra que mide 2,908 pies de largo. Una persona que mide 5 pies parada junto al edificio proyecta una sombra de 10 pies de largo. ¿Cuánto mide la Torre Sears?

1,454 pies

3. El hombre más alto del mundo proyectaba una sombra que medía 535 pulgadas de largo. Al mismo tiempo, una mujer que medía 5 pies 4 pulgadas proyectaba una sombra de 320 pulgadas de largo. ¿Cuánto medía el hombre más alto del mundo en pies y pulgadas?

8 pies 11 pulgadas

4. El Dique Hoover en el Río Colorado proyecta una sombra de 2,904 pies de largo. Al mismo tiempo, un mástil de 18 pies de altura junto al dique proyecta una sombra que mide 72 pies. ¿Cuánto mide el Dique Hoover?

726 pies

Encierra en un círculo la letra de la respuesta correcta.

5. Un poste del arco de la NFL proyecta una sombra que mide 170 pies de largo. Al mismo tiempo, una regla de una yarda proyecta una sombra de 51 pies de largo. ¿Cuál es la altura del poste del arco de la NFL?

  A 100 pies
  B 56 2/3 pies
  C 10 pies
  D 1 pie

6. Un gorila proyecta una sombra que mide 600 centímetros de largo. Un chimpancé de 92 centímetros de alto proyecta una sombra de 276 centímetros de largo. ¿Cuál es la altura del gorila en metros?

  F 0.2 metro
  G 2 metros
  H 20 metros
  J 200 metros

7. Un hombre que mide 6 pies proyecta una sombra que mide 30 pies de largo. Si un niño parado junto al hombre proyecta una sombra de 12 pies de largo, ¿cuánto mide el niño?

  A 2.2 pies
  B 5 pies
  C 2.4 pies
  D 2 pies

8. Un avestruz mide 108 pulgadas de alto. Si su sombra mide 162 pulgadas y un emú parado junto a él proyecta una sombra de 90 pulgadas, ¿cuánto mide el emú?

  F 162 pulgadas
  G 90 pulgadas
  H 60 pulgadas
  J 194.4 pulgadas

Copyright © by Holt, Rinehart and Winston.
All rights reserved.
58
Holt Matemáticas

Problem Solving
Scale Drawings and Maps

Write the correct answer.

1. About how many kilometers long is the northern border of California along Oregon?

   <u>about 300 kilometers</u>

2. What is the distance in kilometers from Los Angeles to San Francisco?

   <u>about 600 kilometers</u>

3. How many kilometers would you have to drive to get from San Diego to Sacramento?

   <u>about 800 kilometers</u>

4. At its longest point, about how many kilometers long is Death Valley National Park?

   <u>about 250 kilometers</u>

5. Approximately what is the distance, in kilometers, between Redwood National Park and Yosemite National Park?

   <u>about 500 kilometers</u>

Circle the letter of the correct answer.

6. Which of the following two cities in California are about 200 kilometers apart?
   - (A) San Diego and Los Angeles
   - B Monterey and Los Angeles
   - C San Francisco and Fresno
   - D Palm Springs and Bakersfield

7. Joshua Tree National Park is about 200 kilometers from Sequoia National Park. How many centimeters should separate those parks on this map?
   - F 220 cm
   - G 22 cm
   - (H) 2 cm
   - J 0.22 cm

Holt Mathematics

Resolución de problemas
Dibujos a escala y mapas

Escribe la respuesta correcta.

1. ¿Aproximadamente cuántos kilómetros mide el límite norte de California con Oregón?

   <u>aproximadamente 300 kilómetros</u>

2. ¿Cuál es la distancia en kilómetros desde Los Ángeles hasta San Francisco?

   <u>aproximadamente 600 kilómetros</u>

3. ¿Cuántos kilómetros habría que conducir para ir desde San Diego hasta Sacramento?

   <u>aproximadamente 800 kilómetros</u>

4. En su punto más largo, ¿aproximadamente cuántos kilómetros de largo mide el Parque Nacional Valle de la Muerte?

   <u>aproximadamente 250 kilómetros</u>

5. ¿Aproximadamente cuál es la distancia, en kilómetros, entre el Parque Nacional Redwood y el Parque Nacional Yosemite?

   <u>aproximadamente 500 kilómetros</u>

Encierra en un círculo la letra de la respuesta correcta.

6. ¿Cuáles de las siguientes dos ciudades de California están a una distancia de 200 kilómetros?
   - (A) San Diego y Los Ángeles
   - B Monterrey y Los Ángeles
   - C San Francisco y Fresno
   - D Palm Springs y Bakersfield

7. El Parque Nacional Joshua Tree está a aproximadamente 200 kilómetros del Parque Nacional Sequoia. ¿Cuántos centímetros deberían separar a esos dos parques en este mapa?
   - F 220 cm
   - G 22 cm
   - (H) 2 cm
   - J 0.22 cm

Holt Matemáticas

Problem Solving
Percents

Use the circle graph to answer each question. Write fractions in simplest form.

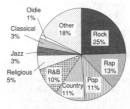

U.S. Recorded Music Sales, 2000

1. What fraction of the total 2000 music sales in the United States were rock recordings?

   $\frac{1}{4}$

2. On this grid, model the percent of total United States music sales that were rap recordings. Then write that percent as a decimal.

   <u>0.13</u>

Circle the letter of the correct answer.

3. What kind of music made up $\frac{1}{20}$ of the total U.S. music recording sales?
   - A Oldie
   - B Classical
   - C Jazz
   - (D) Religious

4. What fraction of the United States music sales were country recordings?
   - F $\frac{110}{100}$
   - (G) $\frac{11}{100}$
   - H $\frac{1}{10}$
   - J $\frac{1}{100}$

5. What fraction of all United States recording sales did jazz and classical music make up together?
   - A $\frac{6}{10}$
   - (B) $\frac{3}{50}$
   - C $\frac{1}{5}$
   - D $\frac{11}{100}$

6. What kind of music made up $\frac{1}{10}$ of the total music recording sales in the United States in 2000?
   - F Pop
   - G Jazz
   - (H) R&B
   - J Oldies

Holt Mathematics

Resolución de problemas
Porcentajes

Usa la gráfica circular para responder a cada pregunta. Escribe las fracciones en su mínima expresión.

Ventas de grabaciones musicales en Estados Unidos, 2000

1. ¿Qué fracción de las ventas totales de música en 2000 en Estados Unidos fueron grabaciones de rock?

   $\frac{1}{4}$

2. En esta cuadrícula, representa el porcentaje de ventas totales de música en Estados Unidos que fueron grabaciones de rap. Luego escribe ese porcentaje como decimal.

   <u>0.13</u>

Encierra en un círculo la letra de la respuesta correcta.

3. ¿Qué tipo de música constituyó $\frac{1}{20}$ de las ventas totales de grabaciones de música en Estados Unidos?
   - A Viejos éxitos
   - B Clásica
   - C Jazz
   - (D) Religiosa

4. ¿Qué fracción de las ventas de música en Estados Unidos fueron grabaciones de música country?
   - F $\frac{110}{100}$
   - (G) $\frac{11}{100}$
   - H $\frac{1}{10}$
   - J $\frac{1}{100}$

5. ¿Qué fracción de todas las ventas de grabaciones en Estados Unidos correspondió al jazz y la música clásica juntos?
   - A $\frac{6}{10}$
   - (B) $\frac{3}{50}$
   - C $\frac{1}{5}$
   - D $\frac{11}{100}$

6. ¿Qué clase de música representó $\frac{1}{10}$ de las ventas totales de grabaciones musicales en Estados Unidos en 2000?
   - F Pop
   - G Jazz
   - (H) R&B
   - J Viejos éxitos

Holt Matemáticas

Holt Middle School Math   Course 1

LESSON 7-8 Problem Solving
Percents, Decimals, and Fractions

Write the correct answer.

1. Deserts cover about $\frac{1}{7}$ of all the land on Earth. About what percent of Earth's land is made up of deserts?

   about 14%

2. The Sahara is the largest desert in the world. It covers about 3% of the total area of Africa. What decimal expresses this percent?

   0.03

3. Cactus plants survive in deserts by storing water in their thick stems. In fact, water makes up $\frac{3}{4}$ of the saguaro cactus's total weight. What percent of its weight is water?

   75%

4. Daytime temperatures in the Sahara can reach 130°F! At night, however, the temperature can drop by 62%. What decimal expresses this percent?

   0.62

Circle the letter of the correct answer.

5. The desert nation of Saudi Arabia is the world's largest oil producer. About $\frac{1}{4}$ of all the oil imported to the United States is shipped from Saudi Arabia. What percent of our nation's oil is that?
   A 20%
   B 22%
   C 25%
   D 40%

6. About $\frac{2}{5}$ of all the food produced on Earth is grown on irrigated cropland. What percent of the world's food production relies on irrigation? What is the percent written as a decimal?
   F 40%; 40.0
   G 40%; 4.0
   H 40%; 0.4
   J 40%; 0.04

7. About $\frac{3}{25}$ of all the freshwater in the United States is used for drinking, washing, and other domestic purposes. What percent of our fresh water resources is that?
   A 3%
   B 25%
   C 12%
   D $\frac{1}{5}$

8. Factories and other industrial users account for about $\frac{23}{50}$ of the total water usage in the United States. Which of the following show that amount as a percent and decimal?
   F 46% and 0.46
   G 23% and 0.23
   H 50% and 0.5
   J 46% and 4.6

61 **Holt Mathematics**

LECCIÓN 7-8 Resolución de problemas
Porcentajes, decimales y fracciones

Escribe la respuesta correcta.

1. Los desiertos cubren alrededor de $\frac{1}{7}$ de toda la parte terrestre de nuestro planeta. ¿Aproximadamente qué porcentaje de la parte terrestre de nuestro planeta corresponde a desiertos?

   aproximadamente el 14%

2. El Sahara es el desierto más grande del mundo. Cubre alrededor del 3 % del área total de África. ¿Qué decimal expresa este porcentaje?

   0.03

3. Las plantas de cactus sobreviven en los desiertos porque almacenan agua en sus gruesos tallos. De hecho, el agua representa $\frac{3}{4}$ del peso total del cactus saguaro. ¿Qué porcentaje de su peso es agua?

   75%

4. ¡Las temperaturas durante el día en el Sahara pueden alcanzar los 130° F! Por la noche, sin embargo, la temperatura puede bajar un 62%. ¿Qué decimal expresa este porcentaje?

   0.62

Encierra en un círculo la letra de la respuesta correcta.

5. La desértica nación de Arabia Saudita es el mayor productor de petróleo del mundo. Alrededor de $\frac{1}{4}$ de todo el petróleo que importa Estados Unidos proviene de Arabia Saudita. ¿Qué porcentaje representa eso del petróleo que importa nuestra nación?
   A 20%
   B 22%
   C 25%
   D 40%

6. Alrededor de $\frac{2}{5}$ de todo el alimento producido en la Tierra se cultiva en tierras irrigadas. ¿Qué porcentaje de la producción mundial de alimentos depende de la irrigación? ¿Cuál es el porcentaje escrito como decimal?
   F 40%; 40.0
   G 40%; 4.0
   H 40%; 0.4
   J 40%; 0.04

7. Alrededor de $\frac{3}{25}$ de toda el agua dulce de Estados Unidos se usa para beber, lavar y otros fines domésticos. ¿Qué porcentaje de nuestros recursos de agua dulce representa esa fracción?
   A 3%   C 12%
   B 25%   D $\frac{1}{5}$

8. Las fábricas y otros usuarios industriales usan alrededor de $\frac{23}{50}$ del total de agua que se usa en Estados Unidos. ¿Cuál de las siguientes opciones muestra esa cantidad como porcentaje y decimal?
   F 46% y 0.46   H 50% y 0.5
   G 23% y 0.23   J 46% y 4.6

Copyright © by Holt, Rinehart and Winston.
All rights reserved. 61 **Holt Matemáticas**

LESSON 7-9 Problem Solving
Percent Problems

In 2000, the population of the United States was about 280 million people.
Use this information to answer each question.

1. About 20% of the total United States population is 14 years old or younger. How many people is that?

   56 million people

2. About 6% of the total United States population is 75 years old or older. How many people is that?

   16.8 million people

3. About 50% of Americans live in states that border the Atlantic or Pacific Ocean. How many people is that?

   140 million people

4. About 12% of all Americans live in California. What is the population of California?

   33.6 million people

5. About 7.5% of all Americans live in the New York City metropolitan area. What is the population of that region?

   21 million people

6. About 12.3% of all Americans have Hispanic ancestors. What is the Hispanic American population here?

   34.44 million people

Circle the letter of the correct answer.

7. Males make up about 49% of the total population of the United States. How many males live here?
   A 1,372 million   C 13.72 million
   B 137.2 million   D 1.372 million

8. About 75% of all Americans live in urban areas. How many Americans live in or near large cities?
   F 70 milliom   H 210 million
   G 200 million   J 420 million

9. About 7.4% of all Americans live in Texas. What is the population of Texas?
   A 74 million   C 7.4 million
   B 20.72 million   D 2.072 million

10. Between 1990 and 2000, the population of the United States grew by about 12%. What was the U.S. population in 1990?
    F 250 million   H 313.6 million
    G 33.6 million   J 268 million

62 **Holt Mathematics**

LECCIÓN 7-9 Resolución de problemas
Problemas de porcentaje

En el año 2000, la población de Estados Unidos era de aproximadamente 280 millones de personas.
Usa esta información para responder a cada pregunta.

1. Alrededor del 20% de la población total de Estados Unidos tiene 14 años o menos. ¿Cuántas personas representa ese porcentaje?

   56 millones de personas

2. Alrededor del 6% de la población total de Estados Unidos tiene 75 años o más. ¿Cuántas personas representa ese porcentaje?

   16.8 millones de personas

3. Alrededor del 50% de los estadounidenses viven en estados rodeados por el Océano Atlántico o el Océano Pacífico. ¿Cuántas personas representa ese porcentaje?

   140 millones de personas

4. Alrededor del 12% de todos los estadounidenses viven en California. ¿Cuál es la población de California?

   33.6 millones de personas

5. Alrededor del 7.5% de todos los estadounidenses viven en el área metropolitana de la ciudad de Nueva York. ¿Cuál es la población de esa área?

   21 millones de personas

6. Alrededor del 12.3% de todos los estadounidenses tienen ancestros hispánicos. ¿Cuál es la población hispánico-estadounidense del país?

   34.44 millones de personas

Encierra en un círculo la letra de la respuesta correcta.

7. Alrededor del 49% de la población total de Estados Unidos son hombres. ¿Cuántos hombres viven en el país?
   A 1,372 millones   C 13.72 millones
   B 137.2 millones   D 1.372 millones

8. Alrededor del 75% de todos los estadounidenses viven en áreas urbanas. ¿Cuántos estadounidenses viven en grandes ciudades o cerca de ellas?
   F 70 millones   H 210 millones
   G 200 millones   J 420 millones

9. Alrededor del 7.4% de todos los estadounidenses viven en Texas. ¿Cuál es la población de Texas?
   A 74 millones   C 7.4 millones
   B 20.72 millones   D 2.072 millones

10. Entre 1990 y 2000, la población de Estados Unidos aumentó alrededor del 12%. ¿Qué población tenía Estados Unidos en 1990?
    F 250 millones   H 313.6 millones
    G 33.6 millones   J 268 millones

Copyright © by Holt, Rinehart and Winston.
All rights reserved. 62 **Holt Matemáticas**

31 **Holt Middle School Math Course 1**

Use the table to answer each question.

Federal Income Tax Rates, 2001

Single Income	Tax Rate	Married Joint Income	Tax Rate
$0 to $27,050	15%	$0 to $45,200	15%
$27,051 to $65,550	27.5%	$45,201 to $109,250	27.5%
$65,551 to $136,740	30.5%	$109,251 to $166,500	30.5%
$136,741 to $297,350	35.5%	$166,501 to $297,350	35.5%
More than $297,350	39.1%	More than $297,350	31.5%

1. If a single person makes $25,000 a year, how much federal income tax will he or she have to pay?

$3,750

2. If a married couple makes $148,000 together, how much federal income tax will they have to pay?

$45,140

3. The average salary for a public school teacher in the United States is $42,898. If two teachers are married, what is the average amount of federal income taxes they have to pay together?

$23,593.90

4. In 2002 President George W. Bush received an annual salary of $400,000. Vice President Dick Cheney got $186,300. How much federal income tax do they each have to pay on their salary?

Bush: $126,000;

Cheney: $66,136.50

Circle the letter of the correct answer.

5. Members of the U.S. Congress each earn $145,100 a year. How much federal income tax does each pay on their salary?
(A) $51,510.50   C $21,765
B $44,255.50   D $39,902.50

6. A married couple each working a minimum-wage job will earn an average of $21,424 together a year. How much income tax will they pay?
F $5,891.60   H $321.36
(G) $3,213.60   J $6,534.32

7. The average American with a college degree earns $33,365 a year. About how much federal income tax does he or she have to pay at a single rate?
A $5,004.75   C $10,176.33
(B) $9,175.38   D $11,844.58

8. The governor of New York makes $179,000 a year. How much federal income tax does that governor have to pay at a single rate?
(F) $63,545   H $49,225
G $54,595   J $26,850

63

LECCIÓN **Resolución de problemas**
7-10 *Cómo usar porcentajes*

Usa la tabla para responder a cada pregunta.

Tasas de impuestos federales sobre los ingresos, 2001

Ingreso individual	Tasa de impuestos	Ingreso combinado por matrimonio	Tasa de impuestos
$0 a $27,050	15%	$0 a $45,200	15%
$27,051 a $65,550	27.5%	$45,201 a $109,250	27.5%
$65,551 a $136,740	30.5%	$109,251 a $166,500	30.5%
$136,741 a $297,350	35.5%	$166,501 a $297,350	35.5%
Más de $297,350	39.1%	Más de $297,350	31.5%

1. Si una persona soltera gana $25,000 al año, ¿cuánto deberá pagar de impuestos federales sobre sus ingresos?

$3,750

2. Si un matrimonio gana $148,000 en conjunto, ¿cuánto deberá pagar de impuestos federales sobre los ingresos?

$45,140

3. El sueldo promedio de un maestro de escuela pública en Estados Unidos es $42,898. Si dos maestros están casados, ¿cuál es la cantidad promedio de impuestos federales sobre los ingresos que tienen que pagar entre los dos?

$23,593.90

4. En 2002 el presidente George W. Bush recibió un sueldo anual de $400,000. El vicepresidente Dick Cheney recibió $186,300. ¿Cuánto debe pagar cada uno de impuestos federales sobre los ingresos por su sueldo?

Bush: $126,000;

Cheney: $66,136.50

Encierra en un círculo la letra de la respuesta correcta.

5. Los miembros del Congreso de Estados Unidos ganan $145,100 al año cada uno. ¿Cuánto paga cada uno de impuestos federales sobre los ingresos por su sueldo?
(A) $51,510.50   C $21,765
B $44,255.50   D $39,902.50

6. Un matrimonio que tiene cada uno un empleo de salario mínimo ganará en conjunto un promedio de $21,424 al año. ¿Cuánto deberán pagar de impuestos federales sobre los ingresos?
F $5,891.60   H $321.36
(G) $3,213.60   J $6,534.32

7. El estadounidense promedio con un título universitario gana $33,365 al año. ¿Aproximadamente cuánto debe pagar de impuestos federales sobre los ingresos según una tasa individual?
A $5,004.75   C $10,176.33
(B) $9,175.38   D $11,844.58

8. El gobernador de Nueva York gana $179,000 al año. ¿Cuánto deberá pagar de impuestos federales sobre los ingresos según una tasa individual?
(F) $63,545   H $49,225
G $54,595   J $26,850

Copyright © by Holt, Rinehart and Winston.
All rights reserved.
63
Holt Matemáticas

Place your hand down flat on a sheet of paper. Draw a point at the tip of your thumb, the tip of your middle finger, and the tip of your pinky.

1. Label the thumb point A, the middle finger point B, and the pinky point C.

Check students' drawings.

2. Name all the planes you possibly can with points A, B, and C.

plane ABC

3. Draw and name all the lines you can make with points A, B, and C.

$\overleftrightarrow{AB}$, $\overleftrightarrow{AC}$, and $\overleftrightarrow{BC}$

4. Name all the line segments possible using points A, B, and C.

$\overline{AB}$, $\overline{AC}$, and $\overline{BC}$

5. Name all the rays possible using points A, B, and C.

$\overrightarrow{AB}$, $\overrightarrow{AC}$, $\overrightarrow{BA}$, $\overrightarrow{BC}$, $\overrightarrow{CA}$, and $\overrightarrow{CB}$

6. Choose one line that you drew. Give all the different possible names for that line.

Possible answer: $\overrightarrow{AB}$, $\overrightarrow{BA}$, line AB
and line BA

Circle the letter of the correct answer.

7. Which of the following has exactly one endpoint?
A $\overleftrightarrow{OP}$
B $\overline{AB}$
C $\overleftrightarrow{TR}$
(D) $\overrightarrow{SM}$

8. Which of the following is a straight path that extends without end in opposite directions?
F a point
(G) a line
H a ray
J a line segment

9. Which statement is false?
A An infinite number of lines can be drawn through one point.
B Exactly one line can be drawn between two points.
(C) A line contains exactly one ray.
D If points A and B are on a line, then line segment AB and line segment BA are the same.

10. Why is the false statement in Exercise 9 not true?
(F) Any point on a line defines another ray on the line.
G A line contains exactly two rays.
H A line contains exactly five rays.
J A line does not contain any rays.

64

LECCIÓN **Resolución de problemas**
8-1 *Figuras básicas de la geometría*

Coloca tu mano con la palma hacia abajo sobre una hoja de papel. Dibuja un punto en el extremo de tu dedo pulgar, en el extremo de tu dedo mayor y en el extremo de tu meñique.

1. Rotula A al punto del pulgar, B al punto del dedo mayor y C al punto del dedo meñique.

Controle los dibujos de los estudiantes

2. Nombra todos los planos que puedas que contengan los puntos A, B, y C.

plano ABC

3. Dibuja y nombra todas las líneas que puedas formar con los puntos A, B, y C.

$\overleftrightarrow{AB}$, $\overleftrightarrow{AC}$, y $\overleftrightarrow{BC}$

4. Nombra todos los segmentos de recta posibles usando los puntos A, B, y C.

$\overline{AB}$, $\overline{AC}$, y $\overline{BC}$

5. Nombra todos los rayos posibles usando los puntos A, B, y C.

$\overrightarrow{AB}$, $\overrightarrow{AC}$, $\overrightarrow{BA}$, $\overrightarrow{BC}$, $\overrightarrow{CA}$, y $\overrightarrow{CB}$

6. Elige una de las líneas que dibujaste. Nómbrala de todas las maneras posibles.

Respuestas posibles: $\overrightarrow{AB}$, $\overrightarrow{BA}$,
línea AB, y línea BA

Encierra en un círculo la letra de la respuesta correcta.

7. ¿Cuál de los siguientes tiene exactamente un extremo?
A $\overleftrightarrow{OP}$
B $\overline{AB}$
C $\overleftrightarrow{TR}$
(D) $\overrightarrow{SM}$

8. ¿Cuál de las siguientes opciones es una trayectoria recta que se extiende sin fin en direcciones opuestas?
F un punto
(G) una línea
H un rayo
J un segmento de recta

9. ¿Cuál de los enunciados es falso?
A Por un punto se puede trazar un número infinito de líneas.
B Entre dos puntos se puede trazar exactamente una línea.
(C) Una línea contiene exactamente un rayo.
D Si los puntos A y B están en una línea, entonces el segmento de recta AB y el segmento de recta BA son iguales.

10. ¿Por qué el enunciado falso del Ejercicio 9 no es verdadero?
(F) Cualquier punto de una línea define otro rayo en la línea.
G Una línea contiene exactamente dos rayos.
H Una línea contiene exactamente cinco rayos.
J Una línea no contiene ningún rayo.

Copyright © by Holt, Rinehart and Winston.
All rights reserved.
64
Holt Matemáticas

32
Holt Middle School Math   Course 1

Problem Solving
8-2 Measuring and Classifying Angles

Write the correct answer.

1. When a patient is lying flat in a hospital bed, what type of angle does the patient's body form? What is the measurement of that angle?

   straight angle; 180°

2. When a patient is sitting straight up in a hospital bed, the upper body has been raised to what angle? What type of angle is that?

   90° angle; right angle

3. Most hospital beds have a setting for the Fowler position. In this position, the patient's upper body is raised to form a 60° to 70° angle from a flat position. What types of angles are these?

   They are both acute.

4. What are the greatest and least differences between the straight-up position and the Fowler position in a hospital bed?

   least: 20°; greatest: 30°

Circle the letter of the correct answer.

5. Medical technicians often set the handles of crutches so that the patient's elbow is at a 30° angle. What type of angle is this?
   - Ⓐ acute angle
   - B right angle
   - C obtuse angle
   - D straight angle

6. By law, wheelchair ramps in public places cannot be greater than 5 degrees. Which type of angle does a wheelchair ramp in public form with the ground?
   - Ⓕ acute angle
   - G right angle
   - H obtuse angle
   - J straight angle

7. Physical therapists use a goniometer to measure the extension of a sitting patient's knee. Resting is 90°, and full extension is 180°. What angle does the goniometer measure if the patient's knee is at $\frac{1}{2}$ extension?
   - A 45°
   - B 90°
   - Ⓒ 135°
   - D 0°

8. The Q-angle is measured between two points on a patient's hip joint and one point on the knee joint. A normal Q-measure from men is 14° plus or minus 3 degrees. What type of angle is any normal Q-angle for men?
   - F straight
   - G obtuse
   - H right
   - Ⓙ acute

Resolución de problemas
8-2 Cómo medir y clasificar ángulos

Escribe la respuesta correcta.

1. Cuando un paciente está acostado en posición horizontal en una cama de hospital, ¿qué tipo de ángulo forma el cuerpo del paciente? ¿Cuánto mide ese ángulo?

   ángulo llano; 180°

2. Cuando un paciente está sentado derecho en una cama de hospital, ¿a qué ángulo ha sido elevada la parte superior de su cuerpo? ¿Qué tipo de ángulo es?

   ángulo de 90°; ángulo recto

3. La mayoría de las camas de hospital pueden colocarse en la posición de Fowler. En esta posición, la parte superior del cuerpo del paciente es elevada para formar un ángulo de 60° a 70° desde una posición plana. ¿Qué tipos de ángulos son éstos?

   Ambos son agudos.

4. ¿Cuáles son la mayor y la menor diferencia entre la posición derecha y la posición de Fowler en una cama de hospital?

   menor: 20°; mayor: 30°

Encierra en un círculo la letra de la respuesta correcta.

5. Los técnicos de medicina suelen regular los mangos de las muletas para que el codo del paciente esté a un ángulo de 30°. ¿Qué tipo de ángulo es éste?
   - Ⓐ ángulo agudo
   - B ángulo recto
   - C ángulo obtuso
   - D ángulo llano

6. Por ley, las rampas para sillas de ruedas en lugares públicos no pueden tener un ángulo mayor que 5 grados. ¿Qué tipo de ángulo forma una rampa para sillas de ruedas con el suelo?
   - Ⓕ ángulo agudo
   - G ángulo recto
   - H ángulo obtuso
   - J ángulo llano

7. Los terapeutas físicos usan un goniómetro para medir la extensión de la rodilla de un paciente sentado. En descanso es de 90° y totalmente extendida es de 180°. ¿Qué ángulo mide el goniómetro si la rodilla del paciente está en $\frac{1}{2}$ de extensión?
   - A 45°　Ⓒ 135°
   - B 90°　D 0°

8. El ángulo Q se mide entre dos puntos en la articulación de la cadera de un paciente y un punto en la articulación de la rodilla. Una medida Q normal de los hombres es 14° más o menos 3 grados. ¿Qué tipo de ángulo Q es normal para los hombres?
   - F llano　　H recto
   - G obtuso　Ⓙ agudo

Problem Solving
8-3 Angle Relationships

Use the two compass roses to answer questions 1-6.

Cardinal Directions　　　Intermediate Directions

1. Which angles formed by the cardinal directions are vertical angles?

   ∠1 and ∠3; ∠2 and ∠4

2. Which angles formed by the intermediate directions are vertical angles?

   ∠5 and ∠7; ∠6 and ∠8

3. Draw the northwest directional ray on the cardinal compass rose. Describe the adjacent angles formed by the new ray. **Possible answer:**

   complementary angles

4. North on a compass is 0°, and east is 90°. Use this information to label the degrees for each direction on the two compass roses above.

Circle the letter of the correct answer.

5. Which angles formed by the cardinal directions are supplementary to ∠2?
   - A ∠1
   - B ∠1 and ∠3
   - C ∠3 and ∠4
   - Ⓓ ∠1, ∠3 and ∠4

6. Which angles formed by the intermediate directions are supplementary to ∠6?
   - F ∠5
   - G ∠5 and ∠7
   - H ∠7 and ∠8
   - Ⓙ ∠5, ∠7 and ∠8

7. Angles A and B are complementary. ∠B is twice as large as ∠A. What are the measurements for each angle?
   - A ∠A = 45°; ∠B = 90°
   - Ⓑ ∠A = 30°; ∠B = 60°
   - C ∠A = 60°; ∠B = 120°
   - D ∠A = 90°; ∠B = 180°

8. ∠1 and ∠2 are complementary. ∠2 and ∠3 are supplementary. The measure of ∠1 is 45°. What is the measure of ∠3?
   - F 45°
   - G 270°
   - H 90°
   - Ⓙ 135°

Resolución de problemas
8-3 Relaciones entre los ángulos

Usa las dos rosas de los vientos para responder a las preguntas 1 a 6.

Direcciones cardinales　　　Direcciones intermedias

1. ¿Qué ángulos formados por las direcciones cardinales son ángulos opuestos por el vértice?

   ∠1 y ∠3; ∠2 y ∠4

2. ¿Qué ángulos formados por las direcciones intermedias son ángulos opuestos por el vértice?

   ∠5 y ∠7; ∠6 y ∠8

3. Traza el rayo direccional del noroeste en la rosa de los vientos. Describe los ángulos adyacentes formados por el nuevo rayo. **Respuesta posible:**

   ángulos complementarios

4. El Norte en una rosa de los vientos está a 0° y el Este está a 90°. Usa esta información para rotular los grados de cada dirección en las dos rosas de los vientos de arriba.

Encierra en un círculo la letra de la respuesta correcta.

5. ¿Qué ángulos formados por las direcciones cardinales son ángulos suplementarios al ∠2?
   - A ∠1　　　C ∠3 y ∠4
   - B ∠1 y ∠3　Ⓓ ∠1, ∠3 y ∠4

6. ¿Qué ángulos formados por las direcciones intermedias son ángulos suplementarios al ∠6?
   - F ∠5　　　H ∠7 y ∠8
   - G ∠5 y ∠7　Ⓙ ∠5, ∠7 y ∠8

7. Los ángulos A y B son complementarios. El ∠B es el doble del ∠A. ¿Cuáles son las medidas de cada ángulo?
   - A ∠A = 45°; ∠B = 90°
   - Ⓑ ∠A = 30°; ∠B = 60°
   - C ∠A = 60°; ∠B = 120°
   - D ∠A = 90°; ∠B = 180°

8. El ∠1 y el ∠2 son complementarios. El ∠2 y el ∠3 son suplementarios. La medida del ∠1 es 45°. ¿Cuál es la medida del ∠3?
   - F 45°　　　H 90°
   - G 270°　　Ⓙ 135°

Use the map to answer each question.

1. The area where the borders of Utah, Colorado, Arizona, and New Mexico meet is sometimes called the Four Corners. What kind of lines are formed where the borders meet?

   perpendicular lines

2. Which borderlines on the map are skew lines?

3. What kinds of lines are suggested by the eastern and western borders of New Mexico?

   parallel lines

Western U.S. States

Circle the letter of the correct answer.

4. Which three states' borderlines intersect near the Grand Canyon?
   A Utah, Arizona, and Idaho
   B Idaho, Arizona, and Oregon
   C Nevada, Utah, and Arizona
   D Utah, Wyoming, and Idaho

5. Which two western states seem to have congruent borderlines?
   F Colorado and Wyoming
   G Oregon and Nevada
   H New Mexico and Nevada
   J Utah and Idaho

6. Which of the following do not appear to be parallel to the western borderline of Nevada?
   A the western borderline of California
   B the western borderline of Wyoming
   C the eastern borderline of Montana
   D the eastern borderline of Arizona

7. Which of these western states do not have borderlines that intersect near Great Salt Lake?
   F Utah and Nevada
   G Utah and Idaho
   H Utah and Wyoming
   J Utah and Colorado

67

Holt Mathematics

Usa el mapa para responder a cada pregunta.

1. El área donde se encuentran los límites de Utah, Colorado, Arizona y Nuevo México se llama a veces las Cuatro Esquinas. ¿Qué clase de líneas se forman donde se encuentran los límites?

   líneas perpendiculares

2. ¿Qué límites del mapa son líneas oblicuas?

   ninguno

3. ¿Qué tipos de líneas sugieren los límites del este y del oeste de Nuevo México?

   líneas paralelas

Estados occidentales de Estados Unidos

Encierra en un círculo la letra de la respuesta correcta.

4. ¿Los límites de qué tres estados se cruzan cerca del Gran Cañón?
   A Utah, Arizona y Idaho
   B Idaho, Arizona y Oregón
   C Nevada, Utah y Arizona
   D Utah, Wyoming y Idaho

5. ¿Cuáles son los dos estados occidentales que parecen tener límites congruentes?
   F Colorado y Wyoming
   G Oregón y Nevada
   H Nuevo México y Nevada
   J Utah y Idaho

6. ¿Cuál de los siguientes límites no parece ser paralelo al límite oeste de Nevada?
   A el límite oeste de California
   B el límite oeste de Wyoming
   C el límite este de Montana
   D el límite este de Arizona

7. ¿Cuáles de estos estados occidentales no tienen límites que se cruzan cerca del Gran Lago Salado?
   F Utah y Nevada
   G Utah y Idaho
   H Utah y Wyoming
   J Utah y Colorado

67

Holt Matemáticas

Use the triangle diagram to answer each question.

1. Classify triangle ABC. What is the measure of the missing angle?

   △ABC is an acute triangle, 70°

2. Classify triangle XYZ. What is the measure of the missing angle?

   △XYZ is an obtuse triangle, 100°

3. If triangle MNO is an equilateral triangle, what is the measure of the missing side?

   $\overline{ON}$ = 3 cm

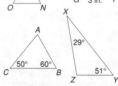

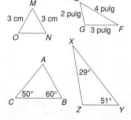

Circle the letter of the correct answer.

4. What is the complement of ∠XYZ?
   A 39°
   B 51°
   C 129°
   D 309°

5. Classify triangle EFG.
   F scalene triangle
   G isosceles triangle
   H equilateral triangle
   J right triangle

6. Which of the following statements is always true?
   A A right triangle is a scalene triangle.
   B An equilateral triangle is an isosceles triangle.
   C An isosceles triangle is an obtuse triangle.
   D A right triangle is an acute triangle.

7. Which of the following is not true of all right triangles?
   F The sum of the measures of the angles is 180°.
   G Two of its angles are supplementary angles.
   H At least two of its angles are acute.
   J The side with the greatest length is opposite the right angle.

68

Holt Mathematics

Usa el diagrama de triángulos para responder a cada pregunta.

1. Clasifica el triángulo ABC. ¿Cuál es la medida del ángulo que falta?

   △ABC es un triángulo acutángulo, 70°

2. Clasifica el triángulo XYZ. ¿Cuál es la medida del ángulo que falta?

   △XYZ es un triángulo obtusángulo, 100°

3. Si el triángulo MNO es un triángulo equilátero, ¿cuál es la medida del lado que falta?

   $\overline{ON}$ = 3 cm

Encierra en un círculo la letra de la respuesta correcta.

4. ¿Cuál es el complemento del ∠XYZ?
   A 39°
   B 51°
   C 129°
   D 309°

5. Clasifica el triángulo EFG.
   F triángulo escaleno
   G triángulo isósceles
   H triángulo equilátero
   J triángulo rectángulo

6. ¿Cuál de los siguientes enunciados siempre es verdadero?
   A Un triángulo rectángulo es un triángulo escaleno.
   B Un triángulo equilátero es un triángulo isósceles.
   C Un triángulo isósceles es un triángulo obtusángulo.
   D Un triángulo rectángulo es un triángulo acutángulo

7. ¿Cuál de los siguientes enunciados no es verdadero en todos los triángulos rectángulos?
   F La suma de las medidas de los ángulos es 180°.
   G Dos de sus ángulos son ángulos suplementarios.
   H Al menos dos de sus ángulos son agudos.
   J El lado con la mayor longitud es opuesto al ángulo recto.

68

Holt Matemáticas

34

Holt Middle School Math   Course 1

Problem Solving
8-6 *Quadrilaterals*

Write the correct answer.

1. Fill in this Venn diagram using the terms quadrilaterals, squares, rectangles, rhombuses, parallelograms, and trapezoids.

2. Part of this quadrilateral is hidden. What could it possibly be?

a trapezoid, a parallelogram

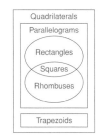

Quadrilaterals
Parallelograms
Rectangles
Squares
Rhombuses
Trapezoids

3. How could you make a trapezoid from a rectangle using only one cut?

Cut a right triangle

from one side

4. An engineer wants to build a building with a parallelogram base. He wants the four corners to be right angles and the four sides congruent. What type of base does the engineer want?

square

Circle the letter of the correct answer.

5. Each side of a quadrilateral-shaped picture frame has the same length. Which of the following is not a possible shape for the frame?
   A a rhombus
   B a square
   Ⓒ a trapezoid
   D a parallelogram

6. The total length of the four sides of the picture frame from Exercise 5 is 4 feet, 8 inches. What is the length of each of its sides?
   Ⓕ 14 inches
   G 1 foot, 3 inches
   H 12 inches
   J 2 inches

Holt Mathematics

LECCIÓN
Resolución de problemas
8-6 *Cuadriláteros*

Escribe la respuesta correcta.

1. Completa el diagrama de Venn usando los términos cuadriláteros, cuadrados, rectángulos, rombos, paralelogramos y trapecios.

2. Parte de este cuadrilátero está oculta. ¿Qué podría ser?

un trapecio, un paralelogramo

cuadriláteros
paralelogramos
rectángulos
cuadrados
rombos
trapecios

3. ¿Cómo podrías transformar un rectángulo en un trapecio haciendo un solo corte?

Cortar un triángulo rectángulo

desde uno de los lados.

4. Un ingeniero quiere construir un edificio con una base en forma de paralelogramo. Quiere que las cuatro esquinas sean ángulos rectos y que los cuatro lados sean congruentes. ¿Qué tipo de base quiere el ingeniero?

un cuadrado

Encierra en un círculo la letra de la respuesta correcta.

5. Cada lado de un marco con forma de cuadrilátero tiene la misma longitud. ¿Cuál de las siguientes formas no es una forma posible para el marco?
   A un rombo
   B un cuadrado
   Ⓒ un trapecio
   D un paralelogramo

6. La longitud total de los cuatro lados del portarretratos del Ejercicio 5 es 4 pies, 8 pulgadas. ¿Cuál es la longitud de cada uno de los lados?
   Ⓕ 14 pulgadas
   G 1 pie, 3 pulgadas
   H 12 pulgadas
   J 2 pulgadas

Copyright © by Holt, Rinehart and Winston.
All rights reserved.
69
Holt Matemáticas

LESSON
Problem Solving
8-7 *Polygons*

Write the correct answer.

1. Name each polygon in this figure.

1, 2, 4, 5, and 6 are triangles; 3
is a parallelogram; 7 is a square
(some students may name the
entire figure a square)

```
    1
 3 ╱2╲ 4
  ╲ 7 ╱
 5      6
```

2. How could you use the sum of the angles inside a triangle to find the sum of the angles inside a heptagon?

Five triangles are needed to fill a
heptagon; $5 \times 180° = 900°$. So,
the sum of the angles inside a
heptagon is 900°.

3. How could you use the sum of the angles inside a triangle to find the sum of the angles inside a decagon?

Eight triangles are needed to fill
a decagon; $8 \times 180° = 1{,}440°$.
So, the sum of the angles inside
a decagon is 1,440°.

4. In the space below, draw a rectangle and a parallelogram with side lengths congruent to the rectangle's. Now draw the diagonals for each of those polygons. What new polygons are formed by the diagonals in each quadrilateral?

triangles

5. In Exercise 4, what is true of the diagonals in the rectangle that isn't true of the diagonals of the parallelogram?

The diagonals in the rectangle
are congruent.

Circle the letter of the correct answer.

6. The perimeter of a regular hexagon is $13\frac{1}{2}$ inches. What is the length of each side?
   A $2\frac{7}{10}$ inches   C $3\frac{3}{4}$ inches
   Ⓑ $2\frac{1}{4}$ inches   D $1\frac{11}{16}$ inches

7. Which of the following statements is sometimes false?
   Ⓕ A plane figure is a polygon.
   G Each side of a polygon intersects exactly two other sides.
   H A polygon is a closed figure.
   J A polygon has straight sides.

Holt Mathematics

LECCIÓN
Resolución de problemas
8-7 *Polígonos*

Escribe la respuesta correcta.

1. Nombra cada polígono de esta figura.

1, 2, 4, 5 y 6 son triángulos; 3 es
un paralelogramo; 7 es un cuadrado
(toda la figura es un cuadrado)

2. ¿Cómo podrías usar la suma de los ángulos internos de un triángulo para hallar la suma de los ángulos internos de un heptágono?

Se necesitan cinco triángulos
para llenar un heptágono;
$5 \times 180° = 900°$. La suma de
los ángulos internos es 900°.

```
    1
 3 ╱2╲ 4
  ╲ 7 ╱
 5      6
```

3. ¿Cómo podrías usar la suma de los ángulos internos de un triángulo para hallar la suma de los ángulos internos de un decágono?

Se necesitan ocho triángulos
para llenar un decágono;
$8 \times 180° = 1{,}440°$. La suma de
los ángulos internos es 1,440°.

4. En el siguiente espacio, dibuja un rectángulo y un paralelogramo cuyas laterales sean congruentes con las del rectángulo. Ahora dibuja las diagonales de cada uno de esos polígonos. ¿Qué nuevos polígonos forman las diagonales en cada cuadrilátero?

triángulos

5. En el Ejercicio 4, ¿qué es verdadero en las diagonales del rectángulo que no es verdadero en las diagonales del paralelogramo?

Las diagonales del rectángulo
son congruentes.

Encierra en un círculo la letra de la respuesta correcta.

6. El perímetro de un hexágono regular es $13\frac{1}{2}$ pulgadas. ¿Cuál es la longitud de cada lado?
   A $2\frac{7}{10}$ pulgadas   C $3\frac{3}{4}$ pulgadas
   Ⓑ $2\frac{1}{4}$ pulgadas   D $1\frac{11}{16}$ pulgadas

7. ¿Cuál de los siguientes enunciados a veces es falso?
   Ⓕ Una figura plana es un polígono.
   G Cada lado de un polígono se cruza exactamente con los otros dos lados.
   H Un polígono es una figura cerrada.
   J Un polígono tiene lados rectos.

Copyright © by Holt, Rinehart and Winston.
All rights reserved.
70
Holt Matemáticas

Holt Middle School Math   Course 1

Problem Solving
Geometric Patterns

Complete this chart and look for patterns. Then answer the
questions. Possible answers are given for 1–4.

Number of Points on the Line	Draw and Label the Line and Points	Number of Different Line Segments in the Line
1. 2	A B	1
2. 3	A B C	3
3. 4	A B C D	6
4. 5	A B C D E	10
6	A B C D E F	15

Circle the letter of the correct answer.

5. If *n* = the number of points on a line,
which of the following expressions
shows the number of different line
segments on that line?
 A $2n - 3$
 B $(n^2 - n) \div 2$
 C $(n \div 2) \cdot 5$
 D $10n \div 2$

6. Using the pattern in the table and
your answer to Exercise 5, how many
different line segments will be on a
line if there are 10 points on the line?
 F 17 line segments
 G 25 line segments
 H 45 line segments
 J 50 line segments

Holt Middle School Math   Course 1

Resolución de problemas
Patrones geométricos

Completa esta tabla y busca los patrones. Luego responde las
preguntas. Se dan las respuestas posibles del 1 al 4.

Número de puntos en la línea	Traza y rotula la línea y los puntos	Número de segmentos de recta distintos en la línea
1. 2	A B	1
2. 3	A B C	3
3. 4	A B C D	6
4. 5	A B C D E	10
6	A B C D E F	15

Encierra en un círculo la letra de la respuesta correcta.

5. Si *n* = al número de puntos de una
línea, ¿cuál de las siguientes
expresiones muestra el número
de distintos segmentos de esa recta?
 A $2n - 3$
 B $(n^2 - n) \div 2$
 C $(n \div 2) \cdot 5$
 D $10n \div 2$

6. Usando el patrón de la tabla y tu
respuesta al Ejercicio 5, ¿cuántos
segmentos de recta distintos habrá
en una línea si hay 10 puntos en
la línea?
 F 17 segmentos de recta
 G 25 segmentos de recta
 H 45 segmentos de recta
 J 50 segmentos de recta

Holt Matemáticas

Problem Solving
Congruence

Write the correct answer.

1. Similar figures have the same shape
but may have different sizes. How are
similar figures different from
congruent figures?

 <u>Congruent figures must have the</u>
 <u>same shape and size.</u>

2. Pentagon A and Pentagon B are
congruent regular polygons. If the
total length of the sides of Pentagon
B is 68.5 feet, what is the length of
each side of Pentagon A?

 <u>13.7 feet</u>

3. Is the following statement always
true, sometimes true, or never true?
Two congruent figures are similar
figures. Explain.

 <u>Always true; Possible answer:</u>
 <u>Congruent figures have the same</u>
 <u>shape, which is the definition of</u>
 <u>similar figures.</u>

4. Draw a figure congruent to this line
segment. Explain how you drew
your congruent figure.

 A   B

 <u>I measured the line segment and</u>
 <u>drew mine the same length.</u>

Circle the letter of the correct answer.

5. Which word makes this statement
true? Corresponding parts of
congruent figures are _____.
 A not regular
 B congruent
 C polygons
 D horizontal

6. If two angles of a right triangle are
congruent, what are the measures of
each angle in the triangle?
 F 35°, 55°, and 90°
 G 45°, 45°, and 90°
 H 50°, 50°, and 90°
 J 55°, 55°, and 90°

7. Which of the following polygons do
not always have all congruent sides?
 A a square
 B an equilateral triangle
 C a rhombus
 D a pentagon

8. If ∠A of rectangle *ABCD* is
congruent to ∠X of triangle *XYZ*,
which of these statements is true?
 F Rectangle *ABCD* is also a square.
 G Triangle *XYZ* is a right triangle.
 H Rectangle *ABCD* is a regular
   polygon.
 J Triangle *XYZ* is an acute triangle.

Holt Mathematics

Resolución de problemas
Congruencia

Escribe la respuesta correcta.

1. Las figuras semejantes tienen la
misma forma pero pueden tener
distintos tamaños. ¿En qué se
diferencian las figuras semejantes
de las figuras congruentes?

 <u>Las figuras congruentes deben</u>
 <u>tener el mismo tamaño y forma.</u>

2. El pentágono A y el pentágono B
son polígonos regulares congruentes. Si la longitud total de los
lados del pentágono B es 68.5 pies,
¿cuál es la longitud de cada lado
del pentágono A?

 <u>13.7 pies</u>

3. ¿El siguiente enunciado es
verdadero siempre, algunas veces
o nunca? Dos figuras congruentes
son figuras semejantes. Explica.

 <u>Siempre es verdadero; Respuesta</u>
 <u>posible: Las figuras congruentes</u>
 <u>tienen la misma forma.</u>

4. Dibuja una figura congruente con
este segmento de recta. Explica
cómo dibujaste tu figura congruente.

 A   B

 <u>Medí el segmento de recta y dibujé</u>
 <u>el mío con la misma longitud.</u>

Encierra en un círculo la letra de la respuesta correcta.

5. ¿Qué palabra hace que este
enunciado sea verdadero? Las
partes correspondientes de las
figuras congruentes son _____.
 A irregulares   C polígonos
 B congruentes   D horizontales

6. Si dos ángulos de un triángulo
rectángulo son congruentes,
¿cuáles son las medidas de cada
ángulo del triángulo?
 F 35°, 55°, y 90°   H 50°, 50°, y 90°
 G 45°, 45°, y 90°   J 55°, 55°, y 90°

7. ¿Cuál de los siguientes polígonos
no siempre tiene todos los
lados congruentes?
 A un cuadrado
 B un triángulo equilátero
 C un rombo
 D un pentágono

8. Si el ∠A del rectángulo *ABCD* es
congruente con el ∠X del triángulo
XYZ, ¿cuál de estos enunciados es
verdadero?
 F El rectángulo *ABCD* también es
   un cuadrado.
 G El triángulo *XYZ* es un triángulo
   rectángulo.
 H El rectángulo *ABCD* es un
   polígono regular.
 J El triángulo *XYZ* es un triángulo
   acutángulo.

Holt Matemáticas

Holt Middle School Math   Course 1

LESSON 8-10 Problem Solving
Transformations

Write the correct answer.

1. If the rotation point of a circle is its center, how will all rotations affect the circle?

   <u>The circle will never change.</u>

2. What transformation could make an arrow pointing east become an arrow pointing north?

   <u>a 90° counterclockwise rotation</u>

3. What transformation could make the number 9 become the number 6?

   <u>a vertical and a horizontal</u>

   <u>reflection or a 180° rotation</u>

4. What transformation could make the letter P look like the letter b?

   <u>a vertical reflection</u>

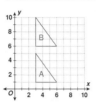

5. On the coordinate plane at right, graph Triangle A with vertices (3, 1), (6, 1), and (3, 5). Then graph Triangle B with vertices (3, 6), (6, 6), and (3, 10). What transformation best describes the change from Triangle A to Triangle B?

   <u>vertical translation</u>

Circle the letter of the correct answer.

6. Which transformation best describes the figure on the right?

   ⌐ ¬

   A 90° clockwise rotation
   B horizontal reflection
   C 90° counterclockwise rotation
   D horizontal translation

7. Which transformation best describes the figure on the left?

   Ƨ Z

   F horizontal reflection
   G 180° counterclockwise rotation
   H 90° counterclockwise rotation
   J horizontal translation

73

LECCIÓN 8-10 Resolución de problemas
Transformaciones

Escribe la respuesta correcta.

1. Si el punto de rotación de un círculo es su centro, ¿de qué manera afectan todas las rotaciones al círculo?

   <u>El círculo nunca cambiará.</u>

2. ¿Qué transformación podría hacer que una flecha que apunta al este se transforme en una flecha que apunta al norte?

   <u>una rotación de 90° en sentido</u>

   <u>contrario a las manecillas del reloj</u>

3. ¿Qué transformación podría hacer que el número 9 se convierta en el número 6?

   <u>una reflexión vertical y horizontal</u>

   <u>o una rotación de 180°</u>

4. ¿Qué transformación podría hacer que la letra P parezca la letra b?

   <u>una reflexión vertical</u>

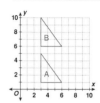

5. En el plano cartesiano de la derecha, representa gráficamente el triángulo A con vértices (3, 1), (6, 1) y (3,5). Luego representa gráficamente el triángulo B con vértices (3,6), (6, 6) y (3,10). ¿Qué transformación describe mejor el cambio del triángulo A al triángulo B?

   <u>traslación vertical</u>

Encierra en un círculo la letra de la respuesta correcta.

6. ¿Qué transformación describe mejor la figura de la derecha?

   ⌐ ¬

   A rotación de 90° en el sentido de las manecillas del reloj
   B reflexión horizontal
   C rotación de 90° en sentido contrario a las manecillas del reloj
   D traslación horizontal

7. ¿Qué transformación describe mejor la figura de la izquierda?

   Ƨ Z

   F reflexión horizontal
   G rotación de 180° en sentido contrario a las manecillas del reloj
   H rotación de 90° en sentido contrario a las manecillas del reloj
   J traslación horizontal

73

LESSON 8-11 Problem Solving
Line Symmetry

Write the correct answer.

1. Do your body and face appear to have a vertical line of symmetry or a horizontal line of symmetry?

   <u>vertical</u>

2. Which letter of the alphabet has an infinite, or endless, number of lines of symmetry?

   <u>the letter o</u>

3. Ted says the diagonals of a rectangle are also its lines of symmetry. Do you agree? Explain.

   <u>No, because when folded or</u>

   <u>reflected along a diagonal, the</u>

   <u>two parts of the rectangle do not</u>

   <u>match.</u>

4. Using the digits 0 through 9 and not repeating any digits, write a 3-digit number that has a horizontal line of symmetry.

   <u>3-digit numbers only choices</u>

   <u>are: 083, 038, 803, 830, 308,</u>

   <u>380</u>

5. Draw a line of symmetry for this word.

6. Draw the lines of symmetry for this star.

Circle the letter of the correct answer.

7. How many lines of symmetry does this hexagon have?

   A 4
   B 8
   C 6
   D 2

8. How many lines of symmetry does this flower have?

   F 3
   G 4
   H 5
   J 6

9. How many lines of symmetry does a square have?

   A 0
   B 2
   C 4
   D 6

10. How many lines of symmetry does a regular pentagon have?

   F 1
   G 2
   H 4
   J 5

74

LECCIÓN 8-11 Resolución de problemas
Simetría axial

Escribe la respuesta correcta.

1. Tu cuerpo y tu cara, ¿parecen tener un eje de simetría vertical o un eje de simetría horizontal?

   <u>vertical</u>

2. ¿Qué letra del alfabeto tiene un número infinito, o interminable, de ejes de simetría?

   <u>la letra O</u>

3. Ted dice que las diagonales de un rectángulo también son sus ejes de simetría. ¿Estás de acuerdo? Explica.

   <u>No, porque cuando se lo pliega</u>

   <u>o se lo refleja por una diagonal,</u>

   <u>las dos partes del rectángulo</u>

   <u>no coinciden.</u>

4. Usando los dígitos del 0 al 9 y sin repetir ningún dígito, escribe un número de 3 dígitos que tenga un eje de simetría horizontal.

   <u>las únicas opciones de números</u>

   <u>de 3 dígitos son: 083, 038, 803,</u>

   <u>830, 308, 380</u>

5. Traza un eje de simetría para esta palabra.

6. Dibuja los ejes de simetría de esta estrella.

7. ¿Cuántos ejes de simetría tiene este hexágono?

   A 4
   B 8
   C 6
   D 2

8. ¿Cuántos ejes de simetría tiene esta flor?

   F 3
   G 4
   H 5
   J 6

9. ¿Cuántos ejes de simetría tiene un cuadrado?

   A 0
   B 2
   C 4
   D 6

10. ¿Cuántos ejes de simetría tiene un pentágono regular?

   F 1
   G 2
   H 4
   J 5

Encierra en un círculo la letra de la respuesta correcta.

74

Understanding Customary Units of Measure

Use customary units of measure to answer each question.

1. Which unit of measure would be most appropriate to use for the capacity of a swimming pool?

   gallons

2. Which unit of measure would be most appropriate to use for the length of an insect?

   inches

3. Which unit of measure would be most appropriate to use for the weight of a television set?

   pounds

4. Which unit of measure would be most appropriate to use for the weight of a feather?

   ounces

5. Which unit of measure would be most appropriate to use for the distance between two cities?

   miles

6. Which unit of measure would be most appropriate to use for the capacity of a can of soup?

   cups

Circle the letter of the correct answer.

7. How long is a desk?
   A about 4 in.
   B) about 4 ft
   C about 4 yd
   D about 4 mi

8. How much does a bird weigh?
   F) about 3 oz
   G about 3 lb
   H about 3 T
   J about 30 T

9. How much does a can of soda hold?
   A) about 1 glass of juice
   B about 4 small bottles of salad dressing
   C about 8 large containers of milk
   D about 10 spoonfuls

10. How long is your math book?
   F about 3 times the distance from your shoulder to your elbow
   G about 5 times the width of a classroom door
   H about 8 times the total length of 18 football fields
   J) about 12 times the width of your thumb

75
Holt Mathematics

Cómo comprender las unidades usuales de medida

Usa las unidades usuales de medida para responder a cada pregunta.

1. ¿Qué unidad de medida sería más apropiado usar para la capacidad de una piscina?

   galones

2. ¿Qué unidad de medida sería más apropiado usar para la longitud de un insecto?

   pulgadas

3. ¿Qué unidad de medida sería más apropiado usar para el peso de un televisor?

   libras

4. ¿Qué unidad de medida sería más apropiado usar para el peso de una pluma?

   onzas

5. ¿Qué unidad de medida sería más apropiado usar para la distancia entre dos ciudades?

   millas

6. ¿Qué unidad de medida sería más apropiado usar para la capacidad de una lata de sopa?

   tazas

Encierra en un círculo la letra de la respuesta correcta.

7. ¿Cuál es la longitud de un escritorio?
   A aproximadamente 4 pulgadas
   B) aproximadamente 4 pies
   C aproximadamente 4 yardas
   D aproximadamente 4 millas

8. ¿Cuánto pesa un pájaro?
   F) aproximadamente 3 onzas
   G aproximadamente 3 libras
   H aproximadamente 3 toneladas
   J aproximadamente 30 toneladas

9. ¿Cuánto contiene una lata de refresco?
   A) aproximadamente 1 vaso de jugo
   B aproximadamente 4 frascos pequeños de aderezo
   C aproximadamente 8 envases grandes de leche
   D aproximadamente 10 cucharadas

10. ¿Cuál es la longitud de tu libro de matemáticas?
   F aproximadamente 3 veces la distancia desde tu hombro hasta tu codo
   G aproximadamente 5 veces el ancho de la puerta de un salón de clases
   H aproximadamente 8 veces la longitud total de 18 canchas de fútbol americano
   J) aproximadamente 12 veces el ancho de tu pulgar

75
Holt Matemáticas

Understanding Metric Units of Measure

Use metric units of measure to answer each question.

1. Which unit of measure would be most appropriate to use for the capacity of a swimming pool?

   liters

2. Which unit of measure would be most appropriate to use for the length of an insect?

   millimeters

3. Which unit of measure would be most appropriate to use for the weight of a television set?

   kilograms

4. Which unit of measure would be most appropriate to use for the weight of a feather?

   milligrams

5. Which unit of measure would be most appropriate to use for the distance between two cities?

   kilometers

6. Which unit of measure would be most appropriate to use for the capacity of a can of soup?

   milliliters

Circle the letter of the correct answer.

7. How long is a desk?
   A about 1.5 mm
   B about 1.5 cm
   C) about 1.5 m
   D about 1.5 km

8. What is the mass of a bird?
   F about 9 mg
   G about 90 mg
   H) about 90 g
   J about 90 kg

9. What is the capacity of a can of soda?
   A about 5 mL
   B) about 500 mL
   C about 5 L
   D about 500 L

10. How long is your math book?
   F) about 30 times the width of a fingernail
   G about 10 times as thick as a dime
   H about 5 times as wide as a single bed
   J about 2 times the distance around a city block

76
Holt Mathematics

Cómo comprender las unidades métricas de medida

Usa las unidades métricas de medida para responder a cada pregunta.

1. ¿Qué unidad de medida sería más apropiado usar para la capacidad de una piscina?

   litros

2. ¿Qué unidad de medida sería más apropiado usar para la longitud de un insecto?

   milímetros

3. ¿Qué unidad de medida sería más apropiado usar para el peso de un televisor?

   kilogramos

4. ¿Qué unidad de medida sería más apropiado usar para el peso de una pluma?

   miligramos

5. ¿Qué unidad de medida sería más apropiado usar para la distancia entre dos ciudades?

   kilómetros

6. ¿Qué unidad de medida sería más apropiado usar para la capacidad de una lata de sopa?

   mililitros

Encierra en un círculo la letra de la respuesta correcta.

7. ¿Cuál es la longitud de un escritorio?
   A aproximadamente 1.5 mm
   B aproximadamente 1.5 cm
   C) aproximadamente 1.5 m
   D aproximadamente 1.5 km

8. ¿Cuál es la masa de un pájaro?
   F aproximadamente 9 mg
   G aproximadamente 90 mg
   H) aproximadamente 90 g
   J aproximadamente 90 kg

9. ¿Cuál es la capacidad de una lata de refresco?
   A aproximadamente 5 mL
   B) aproximadamente 500 mL
   C aproximadamente 5 L
   D aproximadamente 500 L

10. ¿Cuál es la longitud de tu libro de matemáticas?
   F) aproximadamente 30 veces el ancho de una uña
   G aproximadamente 10 veces el espesor de una moneda de 10 centavos
   H aproximadamente 5 veces más ancho que una cama simple
   J aproximadamente 2 veces la distancia alrededor de una manzana de la ciudad

76
Holt Matemáticas

38
Holt Middle School Math   Course 1

Problem Solving
Converting Customary Units

Write the correct answer.

1. Each side of a professional baseball base must measure 15 inches. What is the base's side length in feet?

$1\frac{1}{4}$ feet

2. In the NBA, any shot made from 22 feet or more from the basket is worth 3 points. How many yards from the basket is that?

$7\frac{1}{3}$ yards

3. The maximum weight for a professional bowling ball is 16 pounds. What is the maximum weight in ounces?

256 ounces

4. A professional hockey goal is 6 feet wide and 4 feet high. What is the area of the goal in square yards?

$2\frac{2}{3}$ square yards

5. An NFL football field is 120 yards long. How many times would you have to run across the field to run 1 mile?

$14\frac{2}{3}$ times

6. The official length for a marathon race is 26.2 miles. How many yards long is a marathon? How many feet?

46,112 yards; 138,336 ft

Circle the letter of the correct answer.

7. The distance between bases in a professional baseball game is 90 feet. What is the distance between bases in inches?

A 1,000 inches   **C** 1,100 inches

B 1,080 inches   **D** 10,800 inches

8. What is the area of a baseball diamond in square yards?

F 300 square yards

G 600 square yards

H 900 square yards

J 8,100 square yards

9. An NFL football can be no less than $\frac{87}{96}$ feet long. What is the minimum length for an official football in inches?

A $10\frac{7}{8}$ inches   **C** $\frac{87}{1152}$ inches

B $1\frac{3}{32}$ inches   **D** $2\frac{69}{96}$ inches

10. An official Olympic-sized swimming pool holds 880,000 gallons of water! How many fluid ounces of water is that?

F 1,4080,000 fluid ounces

G 7,040,000 fluid ounces

H 112,640,000 fluid ounces

J 1,760,000 fluid ounces

Holt Mathematics

LECCIÓN 9-3
Resolución de problemas
Cómo convertir unidades usuales

Escribe la respuesta correcta.

1. Cada lado de una base de béisbol profesional debe medir 15 pulgadas. ¿Cuál es la longitud del lado de la base en pies?

$1\frac{1}{4}$ pies

2. En la NBA, cualquier tiro lanzado desde una distancia de 22 pies o más del cesto vale 3 puntos. ¿Cuál es esa distancia en yardas?

$7\frac{1}{3}$ yardas

3. El peso máximo de una bola de bowling profesional es 16 libras. ¿Cuál es el peso máximo en onzas?

256 onzas

4. Un arco de hockey profesional mide 6 pies de ancho por 4 pies de alto. ¿Cuál es el área del arco en yardas cuadradas?

$2\frac{2}{3}$ yardas cuadradas

5. Una cancha de fútbol americano de la NFL mide 120 yardas de largo. ¿Cuántas veces tendrías que correr a través de la cancha para recorrer 1 milla?

$14\frac{2}{3}$ veces

6. La longitud de una carrera oficial de maratón es 26.2 millas. ¿Cuántas yardas hay que correr en esa maratón? ¿Cuántos pies?

46,112 yardas; 138,336 pies

Encierra en un círculo la letra de la respuesta correcta.

7. La distancia entre las bases en un partido de béisbol profesional es 90 pies. ¿Cuál es la distancia entre las bases en pulgadas?

A 1,000 pulgadas   **C** 1,100 pulgadas

B 1,080 pulgadas   **D** 10,800 pulgadas

8. ¿Cuál es el área de un diamante de béisbol en yardas cuadradas?

F 300 yardas cuadradas

G 600 yardas cuadradas

H 900 yardas cuadradas

J 8,100 yardas cuadradas

9. Una pelota de fútbol americano de la NFL no puede medir menos de $\frac{87}{96}$ pies de largo. ¿Cuál es la longitud mínima de una pelota oficial de fútbol americano en pulgadas?

A $10\frac{7}{8}$ pulgadas   **C** $\frac{87}{1152}$ pulgadas

B $1\frac{3}{32}$ pulgadas   **D** $2\frac{69}{96}$ pulgadas

10. ¡Una piscina olímpica oficial contiene 880,000 galones de agua! ¿Cuántas onzas líquidas de agua representa esa medida?

F 1,4080,000 onzas líquidas

G 7,040,000 onzas líquidas

H 112,640,000 onzas líquidas

J 1,760,000 onzas líquidas

Copyright © by Holt, Rinehart and Winston.
All rights reserved.
77
Holt Matemáticas

Problem Solving
Converting Metric Units

Write the correct answer.

1. The St. Gotthard Tunnel in Switzerland is the world's longest tunnel. It is 16.3 kilometers long. What is the tunnel's length in meters?

16,300 meters

2. Ostriches are the world's heaviest birds. On average, they weigh 156,500 grams. How many kilograms does the average ostrich weigh?

156.5 kilograms

3. The huge flower of the titan arum plant of Sumatra only lives for one day. During that time it grows 75 millimeters. What is the flower's height in centimeters?

7.5 centimeters

4. The average male elephant drinks about 120,000 milliliters of water each day. How many liters of water do most male elephants drink each day?

120 liters

Circle the letter of the correct answer.

5. The first successful steam locomotive pulled 10,886.4 kilograms of iron. How many grams of iron did the locomotive pull?

A 10.89 grams

B 108.86 grams

C 10,886,400 grams

D 108,864,000 grams

6. The track used by the first successful steam locomotive was 15.3 kilometers long. How many meters long was the track?

F 0.153 meter

G 1.53 meters

H 153 meters

J 1,530 meters

7. About 2.03 meters of rain fall each year in a tropical rain forest. About how many centimeters of rainfall are there each year in a tropical rain forest?

A 20.3 centimeters

B 203 centimeters

C 2,030 centimeters

D 20,300 centimeters

8. The top layer of trees in a tropical forest has trees that can reach 6,096 centimeters in height. How many meters tall are these trees?

F 6.096 meters

G 60.96 meters

H 609.6 meters

J 609,600 meters

Holt Mathematics

LECCIÓN 9-4
Resolución de problemas
Cómo convertir unidades métricas

Escribe la respuesta correcta.

1. El túnel St. Gotthard en Suiza es el más largo del mundo. Mide 16.3 kilómetros de largo. ¿Cuál es la longitud del túnel en metros?

16,300 metros

2. Los avestruces son las aves más pesadas del mundo. En promedio, pesan 156,500 gramos. ¿Cuántos kilogramos pesa el avestruz promedio?

156.5 kilogramos

3. La flor gigante de la planta titan arum de Sumatra vive sólo un día. Durante ese tiempo crece 75 milímetros. ¿Cuál es la altura de la flor en centímetros?

7.5 centímetros

4. El elefante macho promedio bebe alrededor de 120,000 mililitros de agua por día. ¿Cuántos litros de agua beben la mayoría de los elefantes macho por día?

120 litros

Encierra en un círculo la letra de la respuesta correcta.

5. La primera locomotora de vapor que funcionó con éxito acarreaba 10,886.4 kilogramos de hierro. ¿Cuántos gramos de hierro acarreaba la locomotora?

A 10.89 gramos

B 108.86 gramos

C 10,886,400 gramos

D 108,864,000 gramos

6. La vía que usó la primera locomotora de vapor que funcionó con éxito medía 15.3 kilómetros de largo. ¿Cuántos metros medía la vía?

F 0.153 metro

G 1.53 metros

H 153 metros

J 1,530 metros

7. En una selva tropical caen alrededor de 2.03 metros de precipitaciones cada año. ¿Aproximadamente cuántos centímetros de precipitaciones caen cada año en una selva tropical?

A 20.3 centímetros

B 203 centímetros

C 2,030 centímetros

D 20,300 centímetros

8. La capa superior de árboles en una selva tropical tiene árboles que pueden alcanzar los 6,096 centímetros de altura. ¿Cuántos metros de altura miden estos árboles?

F 6.096 metros

G 60.96 metros

H 609.6 metros

J 609,600 metros

Copyright © by Holt, Rinehart and Winston.
All rights reserved.
78
Holt Matemáticas

Problem Solving
Time and Temperature

Use the schedule to answer the questions.

1. Which bus from New York to Atlantic City would you take to spend the least amount of time on the bus?

Bus 226

2. Which bus would you take to spend the greatest amount of time on the bus?

Bus 228

3. Bus 231 took the same amount of time as Bus 230 to travel from New York to Atlantic City. If bus 231 left New York at 7:10 P.M., at what time did it arrive in Atlantic City?

9:45 P.M.

New York to Atlantic City Schedule		
Bus	Depart	Arrive
225	7:30 A.M.	10:00 A.M.
226	9:50 A.M.	12:10 P.M.
227	11:00 A.M.	1:35 P.M.
228	1:45 P.M.	4:40 P.M.
229	3:10 P.M.	5:40 P.M.
230	6:00 P.M.	8:35 P.M.

Circle the letter of the correct answer.

4. Which measure is equivalent to 2 weeks?
- **A** 10 days
- **B** 336 hours
- **C** 2,016 minutes
- **D** 120,000 seconds

5. Which measure is NOT equivalent to the others?
- **F** $\frac{1}{4}$ day
- **G** 6 hours
- **H** 350 minutes
- **J** 21,600 seconds

6. Which is the best estimate?
- **A** 36°F is about 30°C.
- **B** 36°F is about 24°C.
- **C** 36°F is about 13°C.
- **D** 36°F is about 3°C.

7. Which is the best estimate?
- **F** 18°C is about 36°F.
- **G** 11°C is about 20°F.
- **H** 8°C is about 46°F.
- **G** 3°C is about 0°F.

Holt Mathematics

LECCIÓN 9-5
Resolución de problemas
El tiempo y la temperatura

Usa el horario para responder a las preguntas.

1. ¿Qué autobús tomarías de Nueva York a Atlantic City para pasar la menor cantidad de tiempo en el autobús?

el autobús 226

2. ¿Qué autobús tomarías para pasar la mayor cantidad de tiempo en el autobús?

el autobús 228

3. El autobús 231 tardó la misma cantidad de tiempo para ir desde Nueva York hasta Atlantic City que el autobús 230. Si el autobús 231 salió de Nueva York a las 7:10 pm, ¿a qué hora llegó a Atlantic City?

9:45 P.M.

Horarios de Nueva York a Atlantic City		
Autobús	Partida	Arribo
225	7:30 A.M.	10:00 A.M.
226	9:50 A.M.	12:10 P.M.
227	11:00 A.M.	1:35 P.M.
228	1:45 P.M.	4:40 P.M.
229	3:10 P.M.	5:40 P.M.
230	6:00 P.M.	8:35 P.M.

Encierra en un círculo la letra de la respuesta correcta.

4. ¿Qué medida es equivalente a 2 semanas?
- **A** 10 días
- **B** 336 horas
- **C** 2,016 minutos
- **D** 120,000 segundos

5. ¿Qué medida NO es equivalente a las otras?
- **F** $\frac{1}{4}$ día
- **G** 6 horas
- **H** 350 minutos
- **J** 21,600 segundos

6. ¿Cuál es la mejor estimación?
- **A** 36° F son aproximadamente 30° C.
- **B** 36° F son aproximadamente 24° C.
- **C** 36° F son aproximadamente 13° C.
- **D** 36° F son aproximadamente 3° C.

7. ¿Cuál es la mejor estimación?
- **F** 18° C son aproximadamente 36° F.
- **G** 11° C son aproximadamente 20° F.
- **H** 8° C son aproximadamente 46° F.
- **G** 3° C son aproximadamente 0° F.

Copyright © by Holt, Rinehart and Winston.
All rights reserved.
79 Holt Matemáticas

Problem Solving
Finding Angle Measures in Polygons

Write the correct answer.

1. Most of the windows in a building are in the shape of a rectangle. What is the measure of one angle in each of those windows? What type of angle is it?

90°; right angle

2. The Pentagon Building in Washington, D.C. is in the shape of a regular pentagon. What is the measure of one angle in the Pentagon Building? What type of angle is it?

110°; obtuse angle

3. Most cells in a honeycomb are in the shape of a regular hexagon. What is the measure of one angle in each of those cells? What type of angle is it?

120°; obtuse angle

4. Most sports pennants are in the shape of an isosceles triangle. What is the measure of the smaller angle in this sports pennant? What type of angle is it?

30°; acute angle

Circle the letter of the correct answer.

5. What is the measure of a corner of a square piece of note paper?
- **A** 45°
- **B** 90°
- **C** 145°
- **D** 180°

6. What type of angle is the corner of a square piece of note paper?
- **F** acute angle
- **G** right angle
- **H** obtuse angle
- **J** straight angle

Holt Mathematics

LECCIÓN 9-6
Resolución de problemas
Cómo hallar la medida de los ángulos en polígonos

Escribe la respuesta correcta.

1. La mayoría de las ventanas de un edificio tienen forma rectangular. ¿Cuál es la medida de un ángulo de cada una de esas ventanas? ¿Qué tipo de ángulo es?

90°; ángulo recto

2. El edificio del Pentágono en Washington, D.C. tiene la forma de un pentágono regular. ¿Cuál es la medida de un ángulo del edificio del Pentágono? ¿Qué tipo de ángulo es?

110°; ángulo obtuso

3. La mayoría de las celdas de un panal de abejas tiene forma hexagonal. ¿Cuál es la medida de un ángulo en cada una de esas celdas? ¿Qué tipo de ángulo es?

120°; ángulo obtuso

4. La mayoría de los banderines deportivos tiene forma de triángulo isósceles. ¿Cuál es la medida del ángulo menor de este banderín deportivo? ¿Qué tipo de ángulo es?

30°; ángulo agudo

Encierra en un círculo la letra de la respuesta correcta.

5. ¿Cuál es la medida de la esquina de un papel de anotador cuadrado?
- **A** 45°
- **B** 90°
- **C** 145°
- **D** 180°

6. ¿Qué tipo de ángulo es la esquina de un papel de anotador cuadrado?
- **F** ángulo agudo
- **G** ángulo recto
- **H** ángulo obtuso
- **J** ángulo llano

Copyright © by Holt, Rinehart and Winston.
All rights reserved.
80 Holt Matemáticas

Problem Solving
Perimeter

Write the correct answer.

1. Use a ruler to find the perimeter of your math textbook in inches.

   39.5 inches

2. Use a ruler to find the perimeter of your desk in feet and inches.

   Answer depends on size of desk.

3. The world's largest flag weighs 3,000 pounds and requires at least 500 people to set up! This United States flag is 505 feet long and 255 feet wide. What is the perimeter of this United States flag?

   1,520 feet

4. Students in Lisbon, Ohio, built the world's largest mousetrap in 1998. The mousetrap is 9 feet 10 inches long and 4 feet 5 inches wide—and it actually works! What is the perimeter of the mousetrap in feet and inches?

   28 feet 6 inches

Circle the letter of the correct answer.

5. The giant ball dropped every New Year's Eve in New York City is covered with 504 crystal equilateral triangles. The average perimeter of each triangle is $15\frac{3}{4}$ inches. What is the average side length of each crystal triangle on the ball?

   A 5 inches

   B $5\frac{1}{8}$ inch

   C) $5\frac{1}{4}$ inch

   D $5\frac{1}{2}$ inch

6. United States dollar bills are 2.61 inches wide and 6.14 inches long. Larger notes in circulation before 1919 measured 3.125 inches wide by 7.4218 inches long. What is the difference between the old and new dollar bill perimeters?

   F) 3.5936 inches

   G 3.9536 inches

   H 4.0956 inches

   J 4.5936 inches

7. The perimeter of regular octagon-shaped swimming pool is 42 feet. What is the length of each side of the pool?

   A 5 feet

   B) 5 feet 3 inches

   C 5 feet 2 inches

   D 5.2 feet

8. Each Scrabble® tile is 1.8 centimeters wide and 2.1 centimeters tall. If the tiles spell the word LOVE, what is the perimeter of the entire word?

   F 7.8 cm

   G) 18.6 cm

   H 12 cm

   J 31.2 cm

Holt Mathematics

LECCIÓN
9-7
Resolución de problemas
Perímetro

Escribe la respuesta correcta.

1. Usa una regla para hallar el perímetro de tu libro de matemáticas en pulgadas.

   39.5 pulgadas

   D $5\frac{1}{2}$ pulgadas

3. ¡La bandera más grande del mundo pesa 3,000 libras y se necesitan al menos 500 personas para izarla! Esta bandera de Estados Unidos mide 505 pies de largo por 255 pies de ancho. ¿Cuál es el perímetro de esta bandera?

   1,520 pies

Encierra en un círculo la letra de la respuesta correcta.

5. La pelota gigante que se lanza cada víspera de Año Nuevo en la ciudad de Nueva York está cubierta por 504 triángulos equiláteros de cristal. El perímetro promedio de cada triángulo es $15\frac{3}{4}$ pulgadas. ¿Cuál es la longitud promedio de los lados de cada triángulo de cristal de la pelota?

   A 5 pulgadas

   B $5\frac{1}{8}$ pulgadas

   C) $5\frac{1}{4}$ pulgadas

7. El perímetro de una piscina con forma de octágono regular es de 42 pies. ¿Cuál es la longitud de cada uno de los lados de la piscina?

   A 5 pies

   B) 5 pies 3 pulgadas

   C 5 pies 2 pulgadas

   D 5.2 pies

8. Cada ficha de Scrabble® mide 1.8 centímetros de ancho por 2.1 centímetros de alto. Si las fichas forman la palabra LOVE, ¿cuál es el perímetro de toda la palabra?

   F 7.8 cm   H 12 cm

   G) 18.6 cm   J 31.2 cm

Copyright © by Holt, Rinehart and Winston.
All rights reserved.
81
Holt Matemáticas

Problem Solving
Circles and Circumference

Use the table to answer each question. Use 3.14 for π.

1. Which coin has the smallest radius? How long is that coin's radius?

   dime; 9 mm

2. What is the circumference of a nickel?

   65.94 mm

3. What is the circumference of a quarter?

   75.36 mm

4. Which coin has a greater circumference, a dollar or half dollar? What is the difference in their circumferences?

   half dollar; 12.56 mm

5. If you rolled a dollar coin on its edge, how far would it go with each complete turn?

   84.78 mm

Official U.S. Coin Sizes

Coin	Diameter (rounded to nearest mm)
Penny	19
Nickel	21
Dime	18
Quarter	24
Half Dollar	31
Dollar	27

6. Which U.S. coins will fit in a vending machine coin slot that is 2 centimeters wide?

   penny and dime

Circle the letter of the correct answer.

7. A dime has 118 ridges evenly spaced along its circumference. About how wide is each ridge?

   A about 0.24 mm

   B) about 0.48 mm

   C about 0.15 mm

   D about 0.08 mm

8. The engraved words "United States of America" run about one-half the circumference of all U.S. coins. On which coin will the words run about 38 mm?

   F penny   H) quarter

   G dime   J half dollar

9. You have two coins with a total circumference of 116.18 mm. How much money do you have?

   A $0.02   C) $0.11

   B $0.06   D $0.35

10. You have three coins with a total circumference of 216.66 mm. How much money do you have?

   F $0.15   H $0.30

   G $0.25   J) $0.55

Holt Mathematics

LECCIÓN
9-8
Resolución de problemas
Círculos y circunferencia

Usa la tabla para responder a cada pregunta. Usa 3.14 para π.

1. ¿Qué moneda tiene el menor radio? ¿Cuál es la longitud del radio de esa moneda?

   moneda de 10 centavos; 9 mm

2. ¿Cuál es la circunferencia de una moneda de 5 centavos?

   65.94 mm

3. ¿Cuál es la circunferencia de una moneda de 25 centavos?

   75.36 mm

4. ¿Qué moneda tiene una circunferencia mayor: la de un dólar o la de 50 centavos? ¿Cuál es la diferencia de sus circunferencias?

   la de 50 centavos; 12.56 mm

5. Si hicieras rodar una moneda de un dólar por su borde, ¿cuánto recorrería con cada vuelta completa?

   84.78 mm

Tamaños de las monedas oficiales de Estados Unidos

Moneda	Diámetro (redondeado al mm más cercano)
1 centavo	19
5 centavos	21
10 centavos	18
25 centavos	24
50 centavos	31
1 dólar	27

6. ¿Qué monedas estadounidenses entrarán en la ranura para monedas de una máquina expendedora que mide 2 centímetros de ancho?

   las de 1 y 10 centavos

Encierra en un círculo la letra de la respuesta correcta.

7. La moneda de 10 centavos tiene 118 ranuritas espaciadas en forma pareja a lo largo de su circunferencia. ¿Aproximadamente cuál es el ancho de cada ranurita?

   A aproximadamente 0.24 mm

   B) aproximadamente 0.48 mm

   C aproximadamente 0.15 mm

   D aproximadamente 0.08 mm

8. Las palabras grabadas "Estados Unidos de América" abarcan aproximadamente la mitad de la circunferencia de todas las monedas. ¿En qué moneda las palabras abarcarán 38 mm?

   F en la de 1 cts.   H) en la de 25 cts.

   G en la de 10 cts.   J en la de 50 cts.

9. Tienes dos monedas con una circunferencia total de 116.18 mm. ¿Cuánto dinero tienes?

   A $0.02   C) $0.11

   B $0.06   D $0.35

10. Tienes tres monedas con una circunferencia total de 216.66 mm. ¿Cuánto dinero tienes?

   F $0.15   H $0.30

   G $0.25   J) $0.55

Copyright © by Holt, Rinehart and Winston.
All rights reserved.
82
Holt Matemáticas

Use the table to answer each question.

State Information

State	Approx. Width (mi)	Approx. length (mi)	Water Area (mi^2)
Colorado	280	380	376
Kansas	210	400	462
New Mexico	343	370	234
North Dakota	211	340	1,724
Pennsylvania	160	283	1,239

1. New Mexico is the 5th largest state in the United States. What is its approximate total area?

   126,910 mi^2

2. Kansas is the 15th largest state in the United States. What is its approximate total area?

   84,000 mi^2

3. What is the difference between North Dakota's land area and water area?

   70,016 mi^2

4. What is Pennsylvania's approximate land area?

   45,280 mi^2

Circle the letter of the correct answer.

5. What is the difference between Colorado's land area and Pennsylvania's land area?
   A 106,400 mi^2
   (B) 61,120 mi^2
   C 60,120 mi^2
   D 45,280 mi^2

6. About what percent of the total area of Pennsylvania is covered by land?
   F about 3%
   G about 30%
   H about 67%
   (J) about 97%

7. Rhode Island is the smallest state. Its total land area is approximately 1,200 mi^2. Rhode Island is approximately 40 miles long. About how wide is Rhode Island?
   A about 20 mi
   B about 40 mi
   C about 50 mi
   (D) about 30 mi

8. The entire United States covers 3,794,085 square miles of North America. About how much of that area is not made up of the 5 states in the chart?
   F 2,537,470 mi^2
   (G) 3,359,755 mi^2
   H 3,686,525 mi^2
   J 3,1310,818 mi^2

83

LECCIÓN **Resolución de problemas**
10-1 *Cómo estimar y hallar el área*

Usa la tabla para responder a cada pregunta.

Información de los estados

Estado	Ancho aprox.(mi)	Longitud aprox. (mi)	Área de agua (mi^2)
Colorado	280	380	376
Kansas	210	400	462
Nuevo México	343	370	234
Dakota del Norte	211	340	1,724
Pensilvania	160	283	1,239

1. Nuevo México es el 5to estado más grande de Estados Unidos. ¿Cuál es su área total aproximada?

   126,910 mi^2

2. Kansas es el 15to estado más grande de Estados Unidos. ¿Cuál es su área total aproximada?

   84,000 mi^2

3. ¿Cuál es la diferencia entre las áreas de tierra y de agua de Dakota del Norte?

   70,016 mi^2

4. ¿Cuál es el área aproximada de tierra de Pensilvania?

   45,280 mi^2

Encierra en un círculo la letra de la respuesta correcta.

5. ¿Cuál es la diferencia entre las áreas de tierra de Colorado y Pensilvania?
   A 106,400 mi^2
   (B) 61,120 mi^2
   C 60,120 mi^2
   D 45,280 mi^2

6. ¿Qué porcentaje aproximado del área total de Pensilvania es tierra?
   F aproximadamente 3%
   G aproximadamente 30%
   H aproximadamente 67%
   (J) aproximadamente 97%

7. Rhode Island es el estado más pequeño. Su área total de tierra es aproximadamente 1,200 mi^2. Rhode Island tiene aproximadamente 40 millas de largo. ¿Cuál es el ancho aproximado de Rhode Island?
   A aproximadamente 20 mi
   B aproximadamente 40 mi
   C aproximadamente 50 mi
   (D) aproximadamente 30 mi

8. Estados Unidos cubre una superficie total de 3,794,085 millas cuadradas de América del Norte. ¿Cuánto de esta área no la forman los 5 estados de la tabla?
   F 2,537,470 mi^2
   (G) 3,359,755 mi^2
   H 3,686,525 mi^2
   J 3,1310,818 mi^2

Copyright © by Holt, Rinehart and Winston.
All rights reserved.
83
Holt Matemáticas

LESSON **Problem Solving**
10-2 *Area of Triangles and Trapezoids*

Use the quilt design to answer the questions.

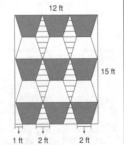

1. What are the lengths of the bases of each trapezoid?

   4 ft and 2 ft

2. What is the height of each trapezoid?

   3 ft

3. What is the area of each trapezoid?

   9 ft^2

Circle the letter of the correct answer.

4. What is the length of the base of each striped triangle?
   A 1 ft
   (B) 2 ft
   C 3 ft
   D 4 ft

5. What is the height of each striped triangle?
   F 1 ft
   G 2 ft
   (H) 3 ft
   J 5 ft

6. What is the area of each striped triangle?
   (A) 3 ft^2
   B 1 ft^2
   C $\frac{3}{4}$ ft^2
   D $\frac{1}{4}$ ft^2

7. What is the area of the quilt?
   F 36 ft^2
   G 90 ft^2
   H 96 ft^2
   (J) 180 ft^2

84

LECCIÓN **Resolución de problemas**
10-2 *El área de triángulos y trapecios*

Usa el diseño del edredón para responder a las preguntas.

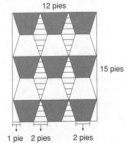

1. ¿Cuáles son las longitudes de las bases de cada trapecio?

   4 pies y 2 pies

2. ¿Cuál es la altura de cada trapecio?

   3 pies

3. ¿Cuál es el área de cada trapecio?

   9 pies^2

Encierra en un círculo la letra de la respuesta correcta.

4. ¿Cuál es la longitud de la base de cada triángulo rayado?
   A 1 pie
   (B) 2 pies
   C 3 pies
   D 4 pies

5. ¿Cuál es la altura de cada triángulo rayado?
   F 1 pie
   G 2 pies
   (H) 3 pies
   J 5 pies

6. ¿Cuál es el área de cada triángulo rayado?
   (A) 3 pies^2
   B 1 pie^2
   C $\frac{3}{4}$ pies^2
   D $\frac{1}{4}$ pies^2

7. ¿Cuál es el área del edredón?
   F 36 pies^2
   G 90 pies^2
   H 96 pies^2
   (J) 180 pies^2

Copyright © by Holt, Rinehart and Winston.
All rights reserved.
84
Holt Matemáticas

LESSON 10-3 Problem Solving
Area of Composite Figures

Write the correct answer.

1. The shape of Nevada can almost be divided into a perfect rectangle and a perfect triangle. About how many square miles does Nevada cover?

about 109,600 mi²

2. The shape of Oklahoma can almost be divided into 2 perfect rectangles and 1 triangle. About how many square miles does Oklahoma cover?

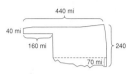

about 63,800 mi²

3. The front side of an apartment building is a rectangle 60 feet tall and 25 feet wide. Bricks cover its surface, except for a door and 10 windows. The door is 7 feet tall and 3 feet wide. Each window is 4 feet tall and 2 feet wide. How many square feet of bricks cover the front side of the building?

1,399 ft²

4. Each side of a square garden is 12 meters long. A hedge wall 1 meter wide surrounds the garden. What is the area of the entire garden including the hedge wall? How many square meters of land does the hedge wall cover alone?

entire garden = 196 m²;

hedge wall = 52 m²

Circle the letter of the correct answer.

5. A figure is formed by a square and a triangle. Its total area is 32.5 m². The area of the triangle is 7.5 m². What is the length of each side of the square?

(A) 5 meters   C 15 meters

B 25 meters   D 16.25 meters

6. A rectangle is formed by two congruent right triangles. The area of each triangle is 6 in². If each side of the rectangle is a whole number of inches, which of these could not be its perimeter?

F 26 inches   (H) 24 inches

G 16 inches   J 14 inches

Holt Mathematics

LECCIÓN 10-3 Resolución de problemas
El área de figuras compuestas

Escribe la respuesta correcta.

1. La forma de Nevada se puede dividir casi en un rectángulo perfecto y un triángulo perfecto. ¿Cuántas millas cuadradas cubre Nevada aproximadamente?

aproximadamente 109,600 mi²

2. La forma de Oklahoma se puede dividir casi en 2 rectángulos perfectos y 1 triángulo. ¿Cuántas millas cuadradas cubre Oklahoma aproximadamente?

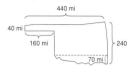

aproximadamente 63,800 mi²

3. El frente de un edificio de apartamentos es un rectángulo de 60 pies de alto por 25 pies de ancho. Su superficie está cubierta con ladrillos, excepto la puerta y 10 ventanas. La puerta mide 7 pies de alto por 3 pies de ancho. Cada ventana mide 4 pies de alto por dos pies de ancho. ¿Cuántos pies cuadrados de ladrillos cubren el frente del edificio?

1,399 pies²

4. Cada lado de un jardín cuadrado mide 12 metros de largo. El jardín está rodeado por una cerca de setos de 1 metro de ancho. ¿Cuál es el área de todo el jardín incluida la cerca de setos? ¿Cuántos metros cuadrados de tierra cubre la cerca sola?

jardín entero = 196 m²;

. cerca de setos = 52 m²

Encierra en un círculo la letra de la respuesta correcta.

5. Una figura está formada por un cuadrado y un triángulo. Su área total es 32.5 m². El área del triángulo es 7.5 m². ¿Cuál es la longitud de cada lado del cuadrado?

(A) 5 metros   C 15 metros

B 25 metros   D 16.25 metros

6. Un rectángulo está formado por dos triángulos rectángulos congruentes. El área de cada triángulo es 6 pulg². Si cada lado del rectángulo es un número cabal de pulgadas, ¿cuál de estos no podría ser su perímetro?

F 26 pulgadas   (H) 24 pulgadas

G 16 pulgadas   J 14 pulgadas

Holt Matemáticas

LESSON 10-4 Problem Solving
Comparing Perimeter and Area

Write the correct answer.

1. Fiona's school photograph is 6 inches long and 5 inches wide. If she orders a triple enlargement how would this affect the area of the photo? How would the enlargement affect the frame she would need for the photo?

The area of the enlarged photo will be 9 times larger than the original. She will need a frame 3 times larger than the frame for the original photo.

2. The Whitman's kitchen is 8 feet long and 6 feet wide. They are planning on renovating the kitchen to have more space. If they double just the width, how will it affect the area of the room? If they double just the length? If they double both measurements?

If they double just 1 measurement, the area would double. If they double both measurements, the room's area would be 4 times larger.

Circle the letter of the correct answer.

3. Kent saw a table in a magazine that was 3 feet wide and 4 feet long. If he wants to make a similar version of the table with an area 4 times larger, what dimensions should he use? How will the perimeter of Kent's table differ from the table in the magazine?

A 4 ft wide and 5 ft long

(B) 6 ft wide and 8 ft long

C 9 ft wide and 12 ft long

D 12 ft wide and 16 ft long

4. The triangular sail on Shakeera's boat is 8 meters wide and 10 meters tall. She wants to make a model of the boat that is $\frac{1}{20}$ of its actual size. How much canvas will Shakeera use for the model boat's sail? How does that amount compare to the canvas used for the real boat's sail?

F 10 m² of canvas

G 1 m² of canvas

(H) 0.1 m² of canvas

J 0.01 m² of canvas

5. A triangle is 6.4 cm long and 8.2 cm tall. If you triple its dimensions, what would be the area of the enlarged triangle?

A 78.72 cm²   (C) 236.16 cm²

B 157.44 cm²   D 472.32 cm²

6. The dimensions of a regular pentagon are doubled. The perimeter of the enlarged pentagon is 25 yards. What was the length of each side of the original pentagon?

(F) 2.4 yards   H 5 yards

G 12 yards   J 16.25 yards

Holt Mathematics

LECCIÓN 10-4 Resolución de problemas
Cómo comparar perímetro y área

Escribe la respuesta correcta.

1. La fotografía de la escuela de Fiona mide 6 pulgadas de largo por 5 pulgadas de ancho. Si Fiona ordena una ampliación al triple del tamaño, ¿cómo afectaría esto al área de la foto? ¿Cómo afectaría la ampliación al marco que necesitaría para la foto?

El área de la foto ampliada será 9 veces mayor que el área original. Fiona necesitará un marco 3 veces más grande que el marco de la foto original.

2. La cocina de los Whitman mide 8 pies de largo por 6 pies de ancho. Ellos planean renovar la cocina para tener más espacio. Si duplican el ancho solamente, ¿cómo afectaría esto al área de la habitación? ¿Si duplican sólo la longitud? ¿Si duplican ambas medidas?

Si duplican 1 medida solamente, el área se duplicaría. Si duplican ambas, el área de la habitación sería 4 veces más grande.

Encierra en un círculo la letra de la respuesta correcta.

3. Kent vio una mesa en una revista que medía 3 pies de ancho por 4 pies de largo. ¿Qué dimensiones debería usar, si quiere hacer una mesa semejante con un área 4 veces más grande? ¿En qué se diferenciará el perímetro de la mesa de Kent del perímetro de la mesa de la revista?

A 4 pies de ancho por 5 pies de largo

(B) 6 pies de ancho por 8 pies de largo

C 9 pies de ancho por 12 pies de largo

D 12 pies de ancho por 16 pies de largo

4. La vela triangular del barco de Shakeera mide 8 metros de ancho por 10 metros de alto. Ella quiere hacer un modelo a escala $\frac{1}{20}$ del tamaño real del barco. ¿Cuánta lona usará Shakeera para la vela del modelo de su barco? ¿Cuál es la diferencia entre esa cantidad y la cantidad de lona usada para la vela del barco real?

F 10 m² de lona

G 1 m² de lona

(H) 0.1 m² de lona

J 0.01 m² de lona

5. Un triángulo mide 6.4 cm de largo por 8.2 cm de alto. ¿Cuál sería el área del triángulo ampliado si triplicas sus dimensiones?

A 78.72 cm²   (C) 236.16 cm²

B 157.44 cm²   D 472.32 cm²

6. Se duplican las dimensiones de un pentágono regular. El perímetro del pentágono ampliado es 25 yardas. ¿Cuál era la longitud de cada lado del pentágono original?

(F) 2.4 yardas   H 5 yardas

G 12 yardas   J 16.25 yardas

Holt Matemáticas

Holt Middle School Math   Course 1

Problem Solving
Area of Circles

Use the table to answer each question. Use 3.14 for *pi*.

1. Which ring is the largest? What area does it enclose?

   Ring 1; 5,024 cm²

2. What is the area of the center circle, or the inner 10 scoring ring, on the target?

   12.56 cm²

3. What area does Ring 5 enclose?

   1,808.64 cm²

Official Archery Target Ring Diameters

Scoring Ring	Diameter (cm)
1	80
2	72
3	64
4	56
5	48
6	40
7	32
8	24
9	16
10	8
Inner 10	4

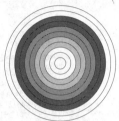

Circle the letter of the correct answer.

4. Which ring encloses an area of 4069.44 cm²?
   - **A** Ring 2
   - **B** Ring 3
   - **C** Ring 6
   - **D** Ring 8

5. How much greater is the area enclosed by Ring 10 than the area enclosed by Ring 9?
   - **F** 50.24 cm²
   - **G** 150.72 cm²
   - **H** 200.96 cm²
   - **J** 251.2 cm²

6. What is the area enclosed by Ring 6?
   - **A** 5,024 cm²
   - **B** 1,600 cm²
   - **C** 1,256 cm²
   - **D** 62.8 cm²

7. What is the area enclosed by Ring 1?
   - **F** 10 times the area of Ring 10
   - **G** 20 times the area of Ring 10
   - **H** 100 times the area of Ring 10
   - **J** 1,000 times the area of Ring 10

LECCIÓN 10-5
Resolución de problemas
El área de los círculos

Usa la tabla para responder a cada pregunta. Usa 3.14 para *pi*.

1. ¿Cuál es el anillo más grande? ¿Qué área encierra?

   Anillo 1; 5,024 cm²

2. ¿Cuál es el área del círculo central, o el anillo de 10 puntos, del blanco?

   12.56 cm²

3. ¿Cuál es el área que encierra el anillo 5?

   1,808.64 cm²

Diámetro oficial de los anillos de puntaje en arquería

Anillo de puntaje	Diámetro (cm)
1	80
2	72
3	64
4	56
5	48
6	40
7	32
8	24
9	16
10	8
Interior 10	4

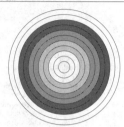

Encierra en un círculo la letra de la respuesta correcta.

4. ¿Qué anillo encierra un área de 4,069.44 cm²?
   - **A** Anillo 2
   - **B** Anillo 3
   - **C** Anillo 6
   - **D** Anillo 8

5. ¿Cuánto más grande es el área que encierra el anillo 10 que el área que encierra el anillo 9?
   - **F** 50.24 cm²
   - **G** 150.72 cm²
   - **H** 200.96 cm²
   - **J** 251.2 cm²

6. ¿Cuál es el área que encierra el anillo 6?
   - **A** 5,024 cm²
   - **B** 1,600 cm²
   - **C** 1,256 cm²
   - **D** 62.8 cm²

7. ¿Cuál es el área que encierra el anillo 1?
   - **F** 10 veces el área del anillo 10
   - **G** 20 veces el área del anillo 10
   - **H** 100 veces el área del anillo 10
   - **J** 1,000 veces el área del anillo 10

Copyright © by Holt, Rinehart and Winston.
All rights reserved.
87   Holt Matemáticas

Problem Solving
Three-Dimensional Figures

Write the correct answer.

1. Pamela folded an origami figure that has 5 faces, 8 edges, and 5 vertices. What kind of three-dimensional figure could Pamela have created?

   a rectangular or square pyramid

2. Look at your classroom chalkboard. What kind of three-dimensional figure is the board eraser? What kind of three-dimensional figure is the chalk?

   eraser: rectangular prism; chalk: cylinder

3. If you cut a cylinder in half between its two bases, what two three-dimensional figures are formed?

   2 cylinders

4. You have two hexagons. How many rectangles do you need to create a hexagonal prism?

   6 rectangles

5. All of the faces of a paperweight are triangles. Is this enough information to classify this three-dimensional figure? Explain.

   Yes, It is a triangular pyramid.

6. Paulo says that if you know the number of faces a pyramid has, you also know how many vertices it has. Do you agree? Explain.

   Yes; A pyramid always has the same number of faces and vertices.

Circle the letter of the correct answer.

7. How is a triangular prism different from a triangular pyramid?
   - **A** The prism has 2 bases.
   - **B** The pyramid has 2 bases.
   - **C** All of the prism's faces are triangles.
   - **D** The pyramid has 5 faces.

8. Which of these statements is not true about a cylinder?
   - **F** It has 2 circular bases.
   - **G** It has a curved lateral surface.
   - **H** It is a solid figure.
   - **J** It is a polyhedron.

9. A museum needs to ship a sculpture that has a curved lateral surface and one flat circular base. In what shape box should they mail the sculpture?
   - **A** cone
   - **B** cube
   - **C** cylinder
   - **D** triangular prism

10. A glass prism reflects white light as a multicolored band of light called a spectrum. The prism has 5 glass faces with 9 edges and 6 vertices. What kind of prism it it?
    - **F** cube
    - **G** cone
    - **H** triangular pyramid
    - **J** triangular prism

LECCIÓN 10-6
Resolución de problemas
Las figuras tridimensionales

Escribe la respuesta correcta.

1. Pamela hizo una figura de origami que tiene 5 caras, 8 aristas y 5 vértices. ¿Qué clase de figura tridimensional pudo haber creado Pamela?

   una pirámide rectangular o cuadrada

2. Mira el pizarrón de tu salón de clases. ¿Qué clase de figura tridimensional es el borrador? ¿Qué clase de figura tridimensional es la tiza?

   borrador: prisma rectangular; tiza: cilindro

3. ¿Qué figuras tridimensionales se forman si cortas un cilindro por la mitad entre sus dos bases?

   2 cilindros

4. Tienes dos hexágonos. ¿Cuántos rectángulos necesitas para crear un prisma hexagonal?

   6 rectángulos

5. Todas las caras de un pisapapeles son triángulos. ¿Es suficiente esta información para clasificar esta figura tridimensional? Explica.

   Sí. Es una pirámide triangular.

6. Paulo dice que si sabes el número de caras que tiene una pirámide, también sabes cuántos vértices tiene. ¿Estás de acuerdo? Explica.

   Sí; una pirámide siempre tiene el mismo número de caras y vértices.

Encierra en un círculo la letra de la respuesta correcta.

7. ¿En qué se diferencia un prisma triangular de una pirámide triangular?
   - **A** El prisma tiene 2 bases.
   - **B** La pirámide tiene 2 bases.
   - **C** Todas las caras del prisma son triángulos.
   - **D** La pirámide tiene 5 caras.

8. ¿Cuál de estos enunciados no es verdadero en el caso de un cilindro?
   - **F** Tiene 2 bases circulares.
   - **G** Tiene una superficie lateral curva.
   - **H** Es un cuerpo geométrico.
   - **J** Es un poliedro.

9. Un museo necesita embarcar una escultura que tiene una superficie lateral curva y una base circular plana. ¿Qué forma debería tener la caja en que enviarán la escultura?
   - **A** cono
   - **B** cubo
   - **C** cilindro
   - **D** prisma triangular

10. Un prisma de vidrio refleja luz blanca como una banda de luz multicolor llamada espectro. El prisma tiene 5 caras de vidrio con 9 aristas y 6 vértices. ¿Qué clase de prisma es?
    - **F** cubo
    - **G** cono
    - **H** pirámide triangular
    - **J** prisma triangular

Copyright © by Holt, Rinehart and Winston.
All rights reserved.
88   Holt Matemáticas

Problem Solving
Volume of Prisms

Write the correct answer.

1. At 726 feet tall, Hoover Dam is one of the world's largest concrete dams. In fact, it holds enough concrete to pave a two-lane highway from New York City to San Francisco! The dam is shaped like a rectangular prism with a base 1,224 feet long and 660 feet wide. About how much concrete forms Hoover Dam?

   about 586,491,840 ft³ of

   concrete

2. The Vietnam Veterans Memorial in Washington, D.C., is a 493.5-foot-long wall made of polished black granite engraved with the names of soldiers who died in the war. The wall is 0.25 feet thick and has an average height of 9 feet. About how many cubic feet of black granite was used in the Vietnam Veterans Memorial?

   about 1,110.375 ft³ of black

   granite

3. Benitoite, a triangular prism crystal, is the official state gem of California. One benitoite crystal found in California is 1.2 cm tall, with a base width of 2 cm and a base height of 1.3 cm. How many cubic centimeters of benitoite are in that crystal?

   1.56 cm³ of benitoite

4. The Flatiron Building in New York City is a triangular prism. A solid bronze souvenir model of the building is 5 inches tall, with a base height of 1.5 inches and a base width of 2.5 inches. How much bronze was used to make the model?

   9.375 in³ of bronze

Circle the letter of the correct answer.

5. Individual slices of pizza are sold in 2-inch-tall triangular prism boxes. The box base is 8 inches wide, with a 7-inch height. How many cubic inches of pizza will fit in each box?

   A 112 in³   C 60 in³
   B 102 in³   (D) 56 in³

6. The world's largest chocolate bar is a huge rectangular prism weighing more than a ton! The bar is 9 feet long, 4 feet tall, and 1 foot wide. How many cubic feet of chocolate does it have?

   F 13 ft³   (H) 36 ft³
   G 14 ft³   J 72 ft³

7. A box can hold 175 cubic inches of cereal. If the box is 7 inches long and 2.5 inches wide, how tall is it?

   A 25 in.
   (B) 10 in.
   C 17.5 in.
   D 9.5 in.

8. A triangular prism used to reflect light is made of 120 cm³ of glass. If the prism is 5 centimeters tall, what is the area of each of its triangular bases?

   F 24 cm
   G 12 cm
   H 12 cm²
   (J) 24 cm²

89   **Holt Mathematics**

LECCIÓN **10-7**
Resolución de problemas
El volumen de los prismas

Escribe la respuesta correcta.

1. Con una altura de 726 pies, la represa Hoover es una de las represas de hormigón más grandes del mundo. ¡Tiene hormigón suficiente para pavimentar una autopista de dos carriles desde la ciudad de Nueva York hasta San Francisco! La represa tiene forma de prisma rectangular con una base de 1,224 pies de largo y 660 pies de ancho. ¿Qué cantidad aproximada de hormigón tiene?

   unos 586,491,840 pies³ de hormigón

2. El Monumento a los Veteranos de Vietnam en Washington, D.C. es un muro que mide 493.5 pies de largo, está hecho con granito negro pulido y tiene grabados los nombres de los soldados que murieron en la guerra. El muro tiene 0.25 pie de espesor y tiene una altura promedio de 9 pies. ¿Cuántos pies cúbicos de granito negro se usaron aproximadamente en el Monumento?

   1,110.375 pies³ de granito negro

3. El prisma triangular del cristal de benitoita es la gema oficial de California. Un cristal de benitoita mide 1.2 cm de alto, con un ancho de base de 2 cm y una altura de base de 1.3 cm. ¿Cuántos cm³ de benitoita hay en ese cristal?

   1.56 cm³ de benitoita

4. El Edificio Flatiron de la ciudad de Nueva York es un prisma triangular. Un modelo de bronce macizo mide 5 pulgadas de alto, con una altura de base de 1.5 pulgadas y un ancho de base de 2.5 pulgadas. ¿Cuánto bronce se usó para hacerlo?

   unas 9.375 pulg³ de bronce

Encierra en un círculo la letra de la respuesta correcta.

5. Las porciones individuales de pizza se venden en cajas con forma de prisma triangular que miden 2 pulgadas de alto. La base de la caja mide 8 pulgadas de ancho por 7 pulgadas de alto. ¿Cuántas pulgadas cúbicas de pizza entran en cada caja?

   A 112 pulg³   C 60 pulg³
   B 102 pulg³   (D) 56 pulg³

6. ¡La barra de chocolate más grande del mundo es un prisma rectangular inmenso que pesa más de una tonelada! La barra mide 9 pies de largo, 4 pies de alto y 2 pies de ancho. ¿Cuántos pies cúbicos de chocolate tiene?

   F 13 pies³   (H) 36 pies³
   G 14 pies³   J 72 pies³

7. Una caja tiene capacidad para 175 pulgadas cúbicas de cereal. Si la caja mide 7 pulgadas de largo por 2.5 pulgadas de ancho, ¿qué altura tiene?

   A 25 pulg
   (B) 10 pulg
   C 17.5 pulg
   D 9.5 pulg

8. Un prisma triangular usado para reflejar luz está hecho con 120 cm³ de vidrio. Si el prisma mide 5 centímetros de alto, ¿cuál es el área de cada una de sus bases triangulares?

   F 24 cm   H 12 cm²
   G 12 cm   (J) 24 cm²

Copyright © by Holt, Rinehart and Winston.
All rights reserved.
89   **Holt Matemáticas**

Problem Solving
Volume of Cylinders

Write the correct answer.

1. The Hubble Space Telescope was launched into space in 1990. Shaped like a cylinder, the telescope is 15.9 meters long, with a diameter of 4.2 meters. To the nearest whole cubic foot, what is the volume of the Hubble Space Telescope?

   about 220 ft³

2. The Living Color aquarium in Bermuda is the largest freestanding cylindrical aquarium in the Western Hemisphere. With a 10-foot diameter and an 18-foot height, the aquarium holds 10,400 gallons of water! What is the aquarium's volume in cubic feet?

   1,413 ft³

3. In 1902 an American music company built the world's largest music recording cylinder. Nicknamed "Brutus," the cylinder is 5 feet tall, with a 2-foot diameter. What is the volume of the "Brutus" cylinder?

   15.7 ft³

4. The world's largest glass of orange juice was filled in Florida in 1998. At 8 feet tall and with a 2-foot radius, the glass held about 700 gallons of orange juice. What was the volume of that huge glass of orange juice?

   100.48 ft³

Circle the letter of the correct answer.

5. A large can of soda is 7.5 inches tall and has a 3-inch diameter. A small can of soda is 5 inches tall with a 2.5-inch diameter. To the nearest cubic inch, how much more soda does the large can hold?

   A 53 in³ more soda
   (B) 28 in³ more soda
   C 25 in³ more soda
   D 20 in³ more soda

6. A cylindrical candle is tightly packed in a rectangular box with a volume of 144 in³. Which of these could be the dimensions of the candle?

   F h = 6 in.; r = 3 in.
   G h = 2 in.; r = 5 in.
   (H) h = 4 in.; r = 3 in.
   J h = 3 in.; r = 4 in.

7. The maximum length for an official professional baseball bat is 36 inches. Its maximum diameter is 2.6 inches. To the nearest cubic inch, what is the maximum volume of a professional baseball bat?

   A 21 in³   (C) 191 in³
   B 119 in³   D 764 in³

8. A can of tennis balls is 21 centimeters tall and has a diameter of 8 centimeters. What is the volume of the tennis ball can?

   F 17,408.16 cm³   H 527.52 cm³
   (G) 1,055.04 cm³   J 263.76 cm³

90   **Holt Mathematics**

LECCIÓN **10-8**
Resolución de problemas
El volumen de los cilindros

Escribe la respuesta correcta.

1. El telescopio espacial Hubble fue lanzado al espacio en 1990. El telescopio, que tiene forma de cilindro, mide 15.9 metros de largo con un diámetro de 4.2 metros. ¿Cuál es el volumen del telescopio espacial Hubble al pie cúbico cabal más cercano?

   aproximadamente 220 pies³

2. El acuario Living Color en Bermuda es el acuario cilíndrico no empotrado más grande del hemisferio occidental. ¡Con un diámetro de 10 pies y una altura de 18 pies, el acuario contiene 10,400 galones de agua! ¿Cuál es el volumen del acuario en pies cúbicos?

   1,413 pies³

3. En 1902 una compañía estadounidense de música construyó el cilindro de grabación de música más grande del mundo. Apodado "Brutus", el cilindro mide 5 pies de alto y 2 pies de diámetro. ¿Cuál es el volumen del cilindro "Brutus"?

   15.7 pies³

4. El vaso de jugo de naranja más grande del mundo fue llenado en Florida en 1998. El vaso, que medía 8 pies de alto y tenía un radio de 2 pies, contenía aproximadamente 700 galones de jugo de naranja. ¿Cuál era el volumen del inmenso vaso de jugo de naranja?

   100.48 pies³

Encierra en un círculo la letra de la respuesta correcta.

5. Una lata grande de refresco mide 7.5 pulgadas de alto y 3 pulgadas de diámetro. Una lata pequeña de refresco mide 5 pulgadas de alto y 2.5 pulgadas de diámetro. ¿Cuánto más refresco, a la pulgada cúbica más cercana, contiene la lata grande?

   A 53 pulg³ más de refresco
   (B) 28 pulg³ más de refresco
   C 25 pulg³ más de refresco
   D 20 pulg³ más de refresco

6. Una vela cilíndrica está envasada en forma ceñida en una caja rectangular con un volumen de 144 in³. ¿Cuál de las siguientes opciones podrían ser las dimensiones de la vela?

   F h = 6 pulg; r = 3 pulg
   G h = 2 pulg; r = 5 pulg
   (H) h = 4 pulg; r = 3 pulg
   J h = 3 pulg; r = 4 pulg

7. La longitud máxima de un bate profesional oficial de béisbol es 36 pulgadas. Su diámetro máximo es 2.6 pulgadas. ¿Cuál es el volumen máximo de un bate a la pulgada cúbica más cercana?

   A 21 pulg³   (C) 191 pulg³
   B 119 pulg³   D 764 pulg³

8. Una lata de pelotas de tenis mide 21 centímetros de alto y 8 centímetros de diámetro. ¿Cuál es el volumen de la lata de pelotas de tenis?

   F 17,408.16 cm³   H 527.52 cm³
   (G) 1,055.04 cm³   J 263.76 cm³

Copyright © by Holt, Rinehart and Winston.
All rights reserved.
90   **Holt Matemáticas**

Write the correct answer.

1. The world's largest cookie was baked in Wisconsin in 1992. Its diameter was 34 feet and contained about 4 million chocolate chips! If the cookie was a cylinder 1 foot tall, and you wanted to cover it with icing, how many square inches would you have to ice? Use 3.14 for π.

   276,721.92 in^2

2. The top of the Washington Monument is a square pyramid covered with white marble. Each triangular face is 58 feet tall and 34 feet wide. About how many square feet of marble covers the top of the monument? (The base is hollow.)

   about 3,944 ft^2 of marble

3. The Parthenon, a famous temple in Greece, is surrounded by large stone columns. Each column is 10.4 meters tall and has a diameter of 1.9 meters. To the nearest whole square meter, what is the surface area of each column (not including the top and bottom)?

   62 m^2

4. The tablet that the Statue of Liberty holds is 7.2 meters long, 4.1 meters wide, and 0.6 meters thick. The tablet is covered with thin copper sheeting. If the tablet was freestanding, how many square meters of copper covers the statue's tablet?

   72.6 m^2 of copper

Circle the letter of the correct answer.

5. The largest Egyptian pyramid is called the Great Pyramid of Khufu. It has a 756-foot square base and a slant height of 481 feet. What is the total surface area of the faces of the Pyramid of Khufu?

   (A) 727,272 ft^2 C 727,727 ft^2
   B 727,722 ft^2 D 772,272 ft^2

6. A glass triangular prism for a telescope is 5.5 inches tall. Each side of the triangular base is 4 inches long, with a 3-inch height. How much glass covers the surface of the prism?

   F 6 in^2 H 39 in^2
   G 12 in^2 (J) 78 in^2

7. A can of frozen orange juice is 7.5 inches tall, and its base diameter is 3.5 inches. What size strip of paper is used for its label?

   (A) 84.43 in^2 C 576.98 in^2
   B 26.25 in^2 D 101.66 in^2

8. Tara made fuzzy cubes to hang in her car. Each side of the 2 cubes is 4 inches long. How much fuzzy material did Tara use to make both cubes?

   F 96 in^2 H 16 in^2
   (G) 192 in^2 J 128 in^2

91 **Holt Mathematics**

Escribe la respuesta correcta.

1. La galleta más grande del mundo fue horneada en Wisconsin en 1992. ¡Tenía un diámetro de 34 pies y contenía aproximadamente 4 millones de pedacitos de chocolate! Si la galleta fuera un cilindro de 1 pie de alto y quisieras cubrirla con glaseado, ¿con cuántas pulgadas cuadradas tendrías que bañarla? Usa 3.14 para π.

   276,721.92 pulg^2

2. La parte superior del monumento a Washington es una pirámide cuadrada recubierta de mármol blanco. Cada cara triangular mide 58 pies de alto por 34 pies de ancho. ¿Aproximadamente cuántos pies cuadrados de mármol cubren la parte superior del monumento? (La base es hueca.)

   aproximadamente 3,944 pies^2
   de mármol

3. El Partenón, famoso templo griego, está rodeado de grandes columnas de piedra. Cada columna mide 10.4 metros de alto y 1.9 metros de diámetro. ¿Cuál es el área total de cada columna (sin incluir la parte superior y la parte inferior) al metro cuadrado cabal más cercano?

   62 m^2

4. La placa que sostiene la Estatua de la Libertad mide 7.2 metros de largo, 4.1 metros de ancho y 0.6 metro de espesor. La placa está cubierta con una plancha delgada de cobre. Si la placa no fuera empotrada, ¿cuántos metros cuadrados de cobre cubrirían la placa de la estatua?

   72.6 m^2 de cobre

Encierra en un círculo la letra de la respuesta correcta.

5. La pirámide egipcia más grande se llama Gran pirámide de Keops. Tiene una base cuadrada que mide 756 pies cuadrados y una altura inclinada de 481 pies. ¿Cuál es el área total de las caras de la pirámide de Keops?

   (A) 727,272 pies^2 C 727,727 pies^2
   B 727,722 pies^2 D 772,272 pies^2

6. Un prisma triangular de vidrio para un telescopio mide 5.5 pulgadas de alto. Cada lado de la base triangular mide 4 pulgadas de largo y 3 pulgadas de alto. ¿Cuánto vidrio cubre la superficie del prisma?

   F 6 pulg^2 H 39 pulg^2
   G 12 pulg^2 (J) 78 pulg^2

7. Una lata de jugo de naranja congelado mide 7.5 pulgadas de alto y 3.5 pulgadas de diámetro de base. ¿De qué tamaño es su etiqueta?

   (A) 84.43 pulg^2 C 576.98 pulg^2
   B 26.25 pulg^2 D 101.66 pulg^2

8. Tara hizo cubos de felpa para colgar en su automóvil. Cada lado de los 2 cubos mide 4 pulgadas de largo. ¿Cuánta felpa usó Tara para hacer los dos cubos?

   F 96 pulg^2 H 16 pulg^2
   (G) 192 pulg^2 J 128 pulg^2

91 **Holt Matemáticas**

Write the correct answer.

1. The element mercury is used in thermometers because it expands as it is heated. Mercury melts at 38°F below zero. Write this temperature as an integer.

   −38°F

2. Denver, Colorado, earned the nickname "Mile High City" because of its elevation of 5,280 feet above sea level. Write Denver's elevation as an integer in feet and miles.

   +5,280 feet or +1 mile

3. The lowest temperature recorded in San Francisco was 20°F. Buffalo's lowest recorded temperature was the opposite of San Francisco's. What was Buffalo's record temperature?

   −20°F

4. Greenland holds the record for the lowest temperature recorded on Earth. That temperature in degrees Fahrenheit is 65 degrees below zero. What is Earth's lowest recorded temperature written as an integer?

   −65°F

5. In 1960, explorers on the submarine *Trieste 2* set the world record for the deepest dive. The ship reached 35,814 feet below sea level. Write this depth as an integer.

   −35,814 feet

6. In 1960, Joseph W. Kittinger, Jr., set the record for the highest parachute jump. He jumped from an air balloon at 102,800 feet above sea level. Write this altitude as an integer.

   +102,800 feet

Circle the letter of the correct answer.

7. Which situation cannot be represented by the integer −10?

   A an elevation of 10 feet below sea level
   (B) a temperature increase of 10°F
   C a golf score of 10 under par
   D a bank withdrawal of $10

8. Paper was invented in China one thousand, nine hundred years ago. Which integer represents this date?

   F 1,900
   G 900
   (H) −1,900
   J −1,000

9. The elevation of the Dead Sea is about 1,310 feet below sea level. Which integer represents this elevation?

   (A) −1,310
   B −131
   C 131
   D 1,310

10. The quarterback had a 10-yard loss and then a 25-yard gain. Which integer represents a 25-yard gain?

   F −25
   G −10
   (H) 25
   J 10

92 **Holt Mathematics**

Escribe la respuesta correcta.

1. El elemento mercurio se usa en termómetros porque se expande a medida que se calienta. El mercurio se funde a 38° F bajo cero. Escribe esta temperatura como un entero.

   −38° F

2. Denver, Colorado, recibió el apodo de "Ciudad de una milla de alto" por su altitud de 5,280 pies sobre el nivel del mar. Escribe la altitud de Denver como un entero en pies y millas.

   +5,280 pies ó +1 milla

3. La temperatura mínima registrada en San Francisco fue 20° F. La temperatura mínima registrada en Búfalo fue la opuesta a la de San Francisco. ¿Cuál fue la temperatura récord en Búfalo?

   −20° F

4. Groenlandia tiene el récord de temperatura mínima registrada en la Tierra. Esa temperatura en grados Fahrenheit es 65 grados bajo cero. ¿Cuál es la temperatura mínima registrada en la Tierra, escrita como un entero?

   −65° F

5. En 1960, los exploradores del submarino *Trieste 2* establecieron el récord mundial de inmersión más profunda. El submarino alcanzó los 35,814 pies bajo el nivel del mar. Escribe esta profundidad como un entero.

   −35,814 pies

6. En 1960, Joseph W. Kittinger, Jr., estableció el récord de altura para salto en paracaídas. Saltó de un globo aerostático a 102,800 pies sobre el nivel del mar. Escribe esta altitud como un entero.

   +102,800 pies

Encierra en un círculo la letra de la respuesta correcta.

7. ¿Qué situación no se puede representar con el entero −10?

   A una altitud de 10 pies bajo el nivel del mar
   (B) un aumento de temperatura de 10° F
   C un puntaje de golf de 10 bajo par
   D un retiro bancario de $10

8. El papel se inventó en China hace mil novecientos años. ¿Qué entero representa esta fecha?

   F 1,900
   G 900
   (H) −1,900
   J −1,000

9. La altitud del Mar Muerto es de aproximadamente 1,310 pies bajo el nivel del mar. ¿Qué entero representa esta altitud?

   (A) −1,310   C 131
   B −131   D 1,310

10. El mariscal de campo tuvo una pérdida de 10 yardas y después una ganancia de 25 yardas. ¿Qué entero representa una ganancia de 25 yardas?

   F −25   (H) 25
   G −10   J 10

92 **Holt Matemáticas**

---

46 **Holt Middle School Math** **Course 1**

Comparing and Ordering Integers

Use the table below to answer each question.

Continental Elevation Facts

Continent	Highest Point	Elevation (ft) above sea level	Lowest Point	Elevation (ft) below sea level
Africa	Mount Kilimanjaro	19,340	Lake Assal	−512
Antarctica	Vinson Massif	16,066	Bentley Subglacial Trench	−8,327
Asia	Mount Everest	29,035	Dead Sea	−1,349
Australia	Mount Kosciusko	7,310	Lake Eyre	−52
Europe	Mount Elbrus	18,510	Caspian Sea	−92
North America	Mount McKinley	20,320	Death Valley	−282
South America	Mount Aconcagua	22,834	Valdes Peninsula	−131

1. What is the highest point on Earth? What is its elevation?

   Mount Everest; 29,035 feet

   above sea level

2. What is the lowest point on Earth? What is its elevation?

   Bentley Subglacial Trench;

   8,327 feet below sea level

3. Which point on Earth is higher, Mount Elbrus or Mount Kilimanjaro?

   Mount Kilimanjaro

4. Which point on Earth is lower, the Caspian Sea or Lake Eyre?

   Caspian Sea

Circle the letter of the correct answer.

5. Which continent has a higher elevation than North America?

   A Antarctica
   (B) South America
   C Europe
   D Australia

6. Which continent has a lower elevation than Africa?

   F Australia
   G Europe
   (H) Asia
   J South America

7. Write the continents in order by their highest points, from highest elevation to lowest elevation.

   Asia, South America, North America, Africa, Europe, Antarctica,

   Australia

Holt Mathematics

Cómo comparar y ordenar enteros

Usa la siguiente tabla para responder a cada pregunta.

Datos de altitud continental

Continente	Punto más alto	Altitud (pies) sobre el nivel del mar	Punto más bajo	Altitud (pies) bajo el nivel del mar
África	Monte Kilimanjaro	19,340	Lago Assal	−512
Antártida	Macizo Vinson	16,066	Fosa subglacial de Bentley	−8,327
Asia	Monte Everest	29,035	Mar Muerto	−1,349
Australia	Monte Kosciusko	7,310	Lago Eyre	−52
Europa	Monte Elbrus	18,510	Mar Caspio	−92
América del Norte	Monte McKinley	20,320	Valle de la Muerte	−282
América del Sur	Monte Aconcagua	22,834	Península Valdés	−131

1. ¿Cuál es el punto más alto de la Tierra? ¿Cuál es su altitud?

   Monte Everest; 29,035 pies

   sobre el nivel del mar

2. ¿Cuál es el punto más bajo de la Tierra? ¿Cuál es su altitud?

   Fosa subglacial de Bentley;

   8,327 pies bajo el nivel del mar

3. ¿Cuál es el punto más alto de la Tierra, el monte Elbrus o el monte Kilimanjaro?

   Monte Kilimanjaro

4. ¿Cuál es el punto más bajo de la Tierra: el mar Caspio o el lago Eyre?

   Mar Caspio

Encierra en un círculo la letra de la respuesta correcta.

5. ¿Qué continente tiene mayor altitud que América del Norte?

   A Antártida
   (B) América del Sur
   C Europa
   D Australia

6. ¿Qué continente tiene menos altitud que África?

   F Australia
   G Europa
   (H) Asia
   J América del Sur

7. Ordena los continentes por sus puntos más altos, desde la altitud máxima a la altitud mínima.

   Asia, América del Sur, América del Norte, África, Europa, Antártida, Australia

Holt Matemáticas

The Coordinate Plane

Use the coordinate plane on the map of Texas below to answer each question.

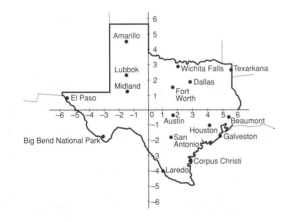

1. Which location in Texas is closest to the ordered pair (5, −2)?

   Galveston

2. What ordered pair best describes the location of Dallas, Texas?

   (3, 2)

3. Which location in Texas is closest to the ordered pair (−6, 1)?

   El Paso

4. Which location in Texas is located in Quadrant III of this coordinate plane?

   Big Bend National Park

5. Which three locations in Texas all have positive y-coordinates and nearly the same x-coordinate?

   Midland, Lubbock, and Amarillo

6. Which cities on this map of Texas have locations with y-coordinates less than −3?

   Laredo and Corpus Christi

Holt Mathematics

El plano cartesiano

Usa el plano cartesiano en el mapa de Texas para responder a cada pregunta.

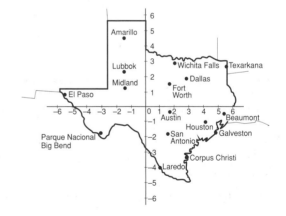

1. ¿Qué lugar de Texas está más cerca del par ordenado (5, −2)?

   Galveston

2. ¿Qué par ordenado describe mejor la ubicación de Dallas, Texas?

   (3, 2)

3. ¿Qué lugar de Texas está más cerca del par ordenado (−6, 1)?

   El Paso

4. ¿Qué lugar de Texas está ubicado en el cuadrante III de este plano cartesiano?

   el Parque Nacional Big Bend

5. ¿Qué tres lugares de Texas tienen coordenadas y positivas y casi la misma coordenada x?

   Midland, Lubbock, y Amarillo

6. ¿Qué ciudades de este mapa de Texas están ubicadas en coordenadas y menores que −3?

   Laredo y Corpus Christi

Holt Matemáticas

Holt Middle School Math   Course 1

Problem Solving
11-4 Adding Integers

In 1997, Tiger Woods became the youngest golfer ever to win the Masters Tournament. There are four rounds of 18 holes in the Masters Tournament. Use Woods's scorecard to answer questions 1–6.

Tiger Woods

Hole	1	2	3	4	5	6	7	8	9	10	11	12	13	14	15	16	17	18
Rd. 1	1	0	0	1	0	0	0	1	1	−1	0	−1	−1	0	−2	0	−1	0
Rd. 2	0	−1	1	0	−1	0	0	−1	0	0	0	0	−2	−1	−1	0	0	0
Rd. 3	0	−1	0	0	−1	0	−1	−1	0	0	−1	0	0	0	−1	0	0	−1
Rd. 4	0	−1	0	0	1	0	1	−1	0	0	−1	0	−1	−1	0	0	0	0

1. What was Woods's total score for round 1 of the tournament?

−2

2. What was his total score for the second round of the tournament?

−6

3. What was his total score for the third round of the tournament?

−7

4. What was his total score for the fourth round of the tournament?

−3

Circle the letter of the correct answer.

5. Woods's final score in 1997 was the lowest in the history of the Masters Tournament. What was Woods's record-breaking final score?

A −16
B −17
Ⓒ −18
C −20

6. Tom Kite placed second in the 1997 Masters Tournament. His final score was 12 strokes higher than Tiger Woods's final score. What was Kite's final score?

F −30
G −12
Ⓗ −6
J 0

7. Which of the following is the sum of Woods's scores on the 8th hole?

A 2
B 1
C −1
Ⓓ −2

8. Which of the following is the sum of Woods's scores on the 15th hole?

F 4
Ⓖ −4
H 0
J 1

Resolución de problemas
11-4 Cómo sumar enteros

En 1997, Tiger Woods se convirtió en el golfista más joven de todos los tiempos en ganar el Masters. En el Masters hay 4 rondas de 18 hoyos. Usa la tarjeta de puntaje de Woods para responder a las preguntas 1 a 6.

Tiger Woods

Hoyo	1	2	3	4	5	6	7	8	9	10	11	12	13	14	15	16	17	18
1ra Ronda	1	0	0	1	0	0	0	1	1	−1	0	−1	−1	0	−2	0	−1	0
2da Ronda	0	−1	1	0	−1	0	0	−1	0	0	0	0	−2	−1	−1	0	0	0
3ra Ronda	0	−1	0	0	−1	0	−1	−1	0	0	−1	0	0	0	−1	0	0	−1
4ta Ronda	0	−1	0	0	1	0	1	−1	0	0	−1	0	−1	−1	0	0	0	0

1. ¿Cuál fue el puntaje total de Woods en la ronda 1 del torneo?

−2

2. ¿Cuál fue su puntaje total en la segunda ronda del torneo?

−6

3. ¿Cuál fue su puntaje total en la tercera ronda del torneo?

−7

4. ¿Cuál fue su puntaje total en la cuarta ronda del torneo?

−3

Encierra en un círculo la letra de la respuesta correcta.

5. El puntaje final de Woods en 1997 fue el más bajo en la historia del Masters. ¿Cuál fue el puntaje final de Woods que batió todos los récords?

A −16
B −17
Ⓒ −18
C −20

6. Tom Kite se ubicó segundo en el Masters de 1997. Su puntaje final fue 12 golpes más alto que el puntaje final de Tiger Woods. ¿Cuál fue el puntaje final de Kite?

F −30
G −12
Ⓗ −6
J 0

7. ¿Cuál de las siguientes opciones es la suma de los puntajes de Woods en el 8vo hoyo?

A 2
B 1
C −1
Ⓓ −2

8. ¿Cuál de las siguientes opciones es la suma de los puntajes de Woods en el 15to hoyo?

F 4
Ⓖ −4
H 0
J 1

95 **Holt Mathematics**

95 **Holt Matemáticas**

Problem Solving
11-5 Subtracting Integers

Write the correct answer.

1. The average surface temperature on Earth is 59°F. The average surface temperature on Mars is 126°F lower than on Earth. What is the average surface temperature on Mars?

−67°F

2. The average surface temperature on Saturn is 46°F colder than on Jupiter. Jupiter's average surface temperature is 162°F below zero. What is the average surface temperature on Saturn?

−208°F

3. Venus has the hottest average surface temperature at 854°F. Mercury, the planet closest to the Sun, has an average surface temperature that is 522°F colder than Venus's. What is Mercury's average surface temperature?

332°F

4. Pluto, the planet farthest from the Sun, has an average surface temperature of 355°F below zero. Neptune, its closest neighbor, has the coldest average surface temperature. It is 10°F colder on Neptune than on Pluto. What is the average surface temperature on Neptune?

−365°F

Circle the letter of the correct answer.

5. Which of the following is the difference between 247°F below zero and 221°F above zero?

A −26°F
B 129°F
Ⓒ −468°F
D 468°F

6. Which of the following is the difference between 806°C above zero and 328°C below zero?

Ⓕ 1,134°C
G 478°C
H −478°C
J −1,134°C

7. Which of the following is the difference between −40°C and −30°C?

Ⓐ −10°C
B 708C
C −120°C
D −1°C

8. Which of the following is the difference between 8,700°F and −344°F?

F 8,356°F
G 900°F
H −9°F
Ⓙ 9,044°F

Resolución de problemas
11-5 Cómo restar enteros

Escribe la respuesta correcta.

1. La temperatura promedio en la superficie de la Tierra es 59° F. La temperatura promedio en la superficie de Marte es 126° F más baja que en la Tierra. ¿Cuál es la temperatura promedio en la superficie de Marte?

−67° F

2. La temperatura promedio en la superficie de Saturno es 46° F más fría que en Júpiter. La temperatura promedio en la superficie de Júpiter es 162° F bajo cero. ¿Cuál es la temperatura promedio en la superficie de Saturno?

−208° F

3. Venus tiene la temperatura promedio en superficie más alta: 854° F. Mercurio, el planeta más cercano al Sol, tiene una temperatura promedio en superficie que es 522° F más fría que la de Venus. ¿Cuál es la temperatura promedio en la superficie de Mercurio?

332° F

4. Plutón, el planeta más alejado del Sol, tiene una temperatura promedio en superficie de 355° F bajo cero. Neptuno, su vecino más cercano, tiene la temperatura promedio en superficie más fría. Es 10° F más fría en Neptuno que en Plutón. ¿Cuál es la temperatura promedio en la superficie de Neptuno?

−365° F

Encierra en un círculo la letra de la respuesta correcta.

5. ¿Cuál de las siguientes opciones es la diferencia entre 247° F bajo cero y 221° F sobre cero?

A −26° F
B 129° F
Ⓒ −468° F
D 468° F

6. ¿Cuál de las siguientes opciones es la diferencia entre 806° C sobre cero y 328° C bajo cero?

Ⓕ 1,134° C
G 478° C
H −478° C
J −1,134° C

7. ¿Cuál de las siguientes opciones es la diferencia entre −40° C y −30° C?

Ⓐ −10° C
B 70° C
C −120° C
D −1° C

8. ¿Cuál de las siguientes opciones es la diferencia entre 8,700° F y −344° F?

F 8,356° F
G 900° F
H −9° F
Ⓙ 9,044° F

96 **Holt Mathematics**

96 **Holt Matemáticas**

48 **Holt Middle School Math** **Course 1**

Problem Solving
Multiplying Integers

Write the correct answer.

1. The coldest temperature ever recorded in Rhode Island was 25°F below zero. Though Nevada lies much farther south, its coldest temperature was twice as cold as Rhode Island's. What was Nevada's record cold temperature?

−50°F

2. Tom and Kim made up a game in which black tiles equal +5 points each, and red tiles equal −3 points each. The person with the most points wins. At the end of the game Tom had 6 red tiles and 4 black tiles, and Kim had 4 red tiles and 3 black tiles. Who won?

Kim

3. During a month-long drought, the amount of water in the family's well changed −4 gallons a day. How much did the amount of water in the well change after one week?

−28 gallons

4. Sperm whales dive deeper than any other mammals. They regularly dive to 3,937 feet below sea level. But they sometimes dive to twice this depth! To what elevation can sperm whales dive?

−7,874 feet

Circle the letter of the correct answer.

5. On Monday morning, the value of LCM stock was $15 a share. Then the value of the stock changed by −3 dollars a day for 4 days in a row. What was the value of one share of LCM stock after the fourth day?

A $1
B) $3
C $6
D $12

6. Lake Manitoba and Lake Winnipeg are two of the largest lakes in Canada. The greatest depth of Lake Manitoba is 12 feet. Lake Winnipeg is 5 times deeper than Lake Manitoba. What is the greatest depth of Lake Winnipeg?

F 5 feet
G 17 feet
H 50 feet
J) 60 feet

7. Which addition expression could be used to check the product of $5 \cdot (-3)$?

A $5 + 5 + 5$
B $-3 + (-3) + (-3)$
C $5 + 5 + 5 + 5 + 5$
D) $-3 + (-3) + (-3) + (-3) + (-3)$

8. Which property allows you to rewrite $-2 \cdot (-4)$ as $-4 \cdot (-2)$?

F) Commutative Property
G Distributive Property
H Integer Property
J Associative Property

97

LECCIÓN **11-6**
Resolución de problemas
Cómo multiplicar enteros

Escribe la respuesta correcta.

1. La temperatura más baja jamás registrada en Rhode Island fue 25° F bajo cero. Aunque Nevada está mucho más al sur, su temperatura más baja fue el doble de fría que la de Rhode Island. ¿Cuál fue el récord de temperatura mínima en Nevada?

−50° F

2. Tom y Kim inventaron un juego en el cual las fichas negras representan +5 puntos cada una y las fichas rojas representan −3 puntos cada una. La persona que tiene más puntos gana. Al final del juego Tom tenía 6 fichas rojas y 4 fichas negras, mientras que Kim tenía 4 fichas rojas y 3 fichas negras. ¿Quién ganó?

Kim

3. En una sequía de un mes de duración, la cantidad de agua en el pozo de una familia bajó −4 galones por día. ¿Cuánto bajó la cantidad de agua en el pozo después de una semana?

−28 galones

4. Los cachalotes se sumergen a más profundidad que cualquier otro mamífero. Normalmente se sumergen a 3,937 pies bajo el nivel del mar. ¡Pero a veces se sumergen el doble de esta profundidad! ¿A qué altitud se pueden sumergir los cachalotes?

−7,874 pies

Encierra en un círculo la letra de la respuesta correcta.

5. El lunes a la mañana, el valor del título LCM era de $15 por acción. Después, el valor del título varió en −3 dólares por día durante 4 días seguidos. ¿Cuál fue el valor de una acción del título LCM después del cuarto día?

A $1   C $6
B) $3   D $12

6. El lago Manitoba y el lago Winnipeg son dos de los lagos más grandes de Canadá. La mayor profundidad del lago Manitoba es 12 pies. El lago Winnipeg es 5 veces más profundo que el lago Manitoba. ¿Cuál es la profundidad máxima del lago Winnipeg?

F 5 pies   H 50 pies
G 17 pies   J) 60 pies

7. ¿Qué expresión de suma se podría usar para comprobar el producto de $5 \cdot (-3)$?

A $5 + 5 + 5$
B $-3 + (-3) + (-3)$
C $5 + 5 + 5 + 5 + 5$
D) $-3 + (-3) + (-3) + (-3) + (-3)$

8. ¿Qué propiedad te permite volver a escribir $-2 \cdot (-4)$ como $-4 \cdot (-2)$?

F) propiedad conmutativa
G propiedad distributiva
H propiedad de número entero
J propiedad asociativa

Copyright © by Holt, Rinehart and Winston. All rights reserved.
97
Holt Matemáticas

Problem Solving
Dividing Integers

Use the table below to answer questions 1–6.

Temperatures for Barrow, Alaska

	JAN	FEB	MAR	APRIL	MAY	JUNE	JULY	AUG	SEPT	OCT	NOV	DEC
Temp (°F)	−13	−18	−15	−2	19	34	39	38	31	14	−2	−11

1. What is the average temperature in Barrow for December and January?

−12°F

2. What is the average temperature in Barrow for March and July?

12°F

3. Which month's average temperature is half as warm as August's?

May

4. What is the average temperature in Barrow for October and November?

6°F

5. What is the average temperature in Barrow for January through April?

−12°F

6. What is the city's average temperature for September through December?

8°F

Circle the letter of the correct answer.

7. A submarine dove to a depth of 168 feet in 7 minutes. What was the average rate of change in its location?

A 24 feet
B 168 feet
C) −24 feet
D −168 feet

8. In its first 4 months of business, Skyscraper Records reported its losses as −$1,520. What was the company's average monthly loss?

F −$1,520
G) −$380
H −$38
J $380

9. Which of these expressions checks the solution to the division problem $-8 \div (-2) = 4$?

A $-8 \cdot (-2)$
B $4 \cdot 4$
C $-2 \cdot (2)$
D) $4 \cdot (-2)$

10. A glacier is melting 3 in^3 a year. At that rate, how long will it take for the glacier to change by −24 in^3?

F 72 years
G 6 years
H) 8 years
J 24 years

98

LECCIÓN **11-7**
Resolución de problemas
Cómo dividir enteros

Usa la siguiente tabla para responder a las preguntas 1 a 6.

Temperaturas en Barrow, Alaska

	ENE	FEB	MAR	ABR	MAY	JUN	JUL	AGO	SEP	OCT	NOV	DIC
Temp (°F)	−13	−18	−15	−2	19	34	39	38	31	14	−2	−11

1. ¿Cuál es la temperatura promedio en diciembre y enero en Barrow?

−12° F

2. ¿Cuál es la temperatura promedio de marzo y de julio en Barrow?

12° F

3. ¿La temperatura promedio de qué mes es la mitad de cálida que la de agosto?

mayo

4. ¿Cuál es la temperatura promedio de octubre y de noviembre en Barrow?

6° F

5. ¿Cuál es la temperatura promedio en Barrow de enero a abril?

−12° F

6. ¿Cuál es la temperatura promedio de la ciudad entre septiembre y diciembre?

8° F

Encierra en un círculo la letra de la respuesta correcta.

7. Un submarino se sumergió a una profundidad de 168 pies en 7 minutos. ¿Cuál fue la tasa promedio de cambio en su ubicación?

A 24 pies
B 168 pies
C) −24 pies
D −168 pies

8. En sus primeros 4 meses de actividad comercial, Skyscraper Records declaró −$1,520 de pérdidas. ¿Cuál fue el promedio mensual de pérdidas de la compañía?

F −$1,520
G) −$380
H −$38
J $380

9. ¿Cuál de estas expresiones comprueba la solución del problema de división $-8 \div (-2) = 4$?

A $-8 \cdot (-2)$ C $-2 \cdot (2)$
B $4 \cdot 4$ D) $4 \cdot (-2)$

10. Un glaciar se derrite 3 pulg^3 por año. A esa tasa, ¿cuánto tiempo le llevaría al glaciar cambiar −24 pulg^3?

F 72 años   H) 8 años
G 6 años   J 24 años

Copyright © by Holt, Rinehart and Winston. All rights reserved.
98
Holt Matemáticas

49
Holt Middle School Math   Course 1

For questions 1–8, the temperatures found are in °F.

1. The highest recorded temperature in Africa is the solution to $x \div (-4) = -34$. What is Africa's highest recorded temperature?

_136°F_

2. The lowest recorded temperature in Australia is the solution to $7x = -56$. What is Australia's lowest recorded temperature?

_−8°F_

3. To find Africa's lowest recorded temperature, solve the following equation: $80 - x = 91$.

_−11°F_

4. To find Europe's highest recorded temperature, solve the following equation: $x \div -2 = -61$.

_122°F_

5. The solution to $-2x = -116$ is the highest recorded temperature in Antartica. What is Antartica's highest recorded temperature?

_58°F_

6. The solution to $x + (-23) = -90$ is the lowest recorded temperature in Europe. What is Europe's lowest recorded temperature?

_−67°F_

Circle the letter of the correct answer.

7. Which of the following is a solution to $x + (-11) = -140$?

A 12
B −129 (circled)
C −151
D −1,540

8. Which of the following is a solution to $-110 + x = 19$?

F 91
G 129 (circled)
H −5
J −2,090

9. Which of the following is a solution to $5x = -75$?

A −375
B −80
C −70
D −15 (circled)

10. Which of the following is a solution to $-270 \div x = -30$?

F 8,100
G −300
H 9 (circled)
J −240

Para las preguntas 1 a 8, las temperaturas halladas están en °F.

1. La temperatura máxima registrada en África es la solución de $x \div (-4) = -34$. ¿Cuál es la temperatura máxima registrada en África?

_136° F_

2. La temperatura mínima registrada en Australia es la solución de $7x = -56$. ¿Cuál es la temperatura mínima registrada en Australia?

_−8° F_

3. Para hallar la temperatura mínima registrada en África, resuelve la siguiente ecuación: $80 - x = 91$.

_−11° F_

4. Para hallar la temperatura máxima registrada en Europa, resuelve la siguiente ecuación: $x \div -2 = -61$.

_122° F_

5. La solución de $-2x = -116$ es la temperatura máxima registrada en Antártida. ¿Cuál es la temperatura máxima registrada en la Antártida?

_58° F_

6. Las solución de $x + (-23) = -90$ es la temperatura mínima registrada en Europa. ¿Cuál es la temperatura mínima registrada en Europa?

_−67° F_

Encierra en un círculo la letra de la respuesta correcta.

7. ¿Cuál de las siguientes opciones es la solución de $x + (-11) = -140$?

A 12
B −129 (circled)
C −151
D −1,540

8. ¿Cuál de las siguientes opciones es la solución de $-110 + x = 19$?

F 91
G 129 (circled)
H −5
J −2,090

9. ¿Cuál de las siguientes opciones es la solución de $5x = -75$?

A −375
B −80
C −70
D −15 (circled)

10. ¿Cuál de las siguientes opciones es la solución de $-270 \div x = -30$?

F 8,100
G −300
H 9 (circled)
J −240

Use the tables to answer each question.

Table 1	
miles	kilometers
2	3.22
3	4.83
4	**6.44**
5	8.05

Table 2	
ounces	grams
1	28.35
2	**56.7**
3	85.05
4	113.4

Table 3	
gallons	liters
5	**18.95**
10	37.9
15	56.85
20	75.8

1. Write an equation for a function that gives the values in table 1. Define the variables you use. Use your equation to find the missing term in the table.

Possible answer:

$k = 1.61m$; k = kilometers;

m = miles

3. Write an equation for a function that gives the values in table 3. Define the variables you use. Use your equation to find the missing term in the table.

Possible answer:

$l = 3.79g$; l = liters;

g = gallons

Circle the letter of the correct answer.

5. The Rocky Mountains stretch 3,750 miles across North America. What is this length in kilometers?

A 2,329.2 kilometers
B 1,164.6 kilometers
C 6,037.5 kilometers (circled)
D 12,075 kilometers

2. Write an equation for a function that gives the values in table 2. Define the

variables you use. Use your equation to find the missing term in the table.

Possible answer:

$g = 28.35z$; g = grams;

z = ounces

4. There are 4 quarts in a gallon. Write an equation for a function relating quarts to liters. Then use your equation to find how many liters of oil a 50-quart barrel can hold.

Possible answer:

$l = 0.9475g$; l = liters;

g = quarts; 47.375 liters of oil

6. A hummingbird egg only weighs 0.25 grams! How many ounces does the egg weigh?

F about 7.0875 ounces
G about 0.009 ounces (circled)
H about 28 ounces
J about 9 ounces

Usa las tablas para responder a cada pregunta.

Tabla 1	
millas	kilómetros
2	3.22
3	4.83
4	**6.44**
5	8.05

Tabla 2	
onzas	gramos
1	28.35
2	**56.7**
3	85.05
4	113.4

Tabla 3	
galones	litros
5	**18.95**
10	37.9
15	56.85
20	75.8

1. Escribe una ecuación para una función que dé los valores de la tabla 1. Define las variables que usas. Usa tu ecuación para hallar el término que falta en la tabla.

Respuesta posible:

$k = 1.61m$; k = kilómetros;

m = millas

3. Escribe una ecuación para una función que dé los valores de la tabla 3. Define las variables que usas. Usa tu ecuación para hallar el término que falta en la tabla. .

Respuesta posible:

$l = 3.79g$; l = litros;

g = galones

Encierra en un círculo la letra de la respuesta correcta.

5. Las montañas Rocosas se extienden 3,750 millas a través de América del Norte. ¿Cuál es la longitud de las montañas Rocosas en kilómetros?

A 2,329.2 kilómetros
B 1,164.6 kilómetros
C 6,037.5 kilómetros (circled)
D 12,075 kilómetros

2. Escribe una ecuación para una función que dé los valores de la tabla 2. Define las variables que usas. Usa tu ecuación para hallar el término que falta en la tabla.

Respuesta posible:

$g = 28.35z$; g = gramos;

z = onzas

4. Un galón tiene 4 cuartos. Escribe una ecuación para una función relacionando cuartos y litros. Luego, usa tu ecuación para hallar cuántos litros de petróleo puede contener un barril de 50 cuartos.

Respuesta posible:

$l = 0.9475g$; l = litros;

g = cuartos; 47.375 litros

de petróleo

6. ¡Un huevo de colibrí pesa sólo 0.25 gramos! ¿Cuántas onzas pesa el huevo?

F aproximadamente 7.0875 onzas
G aproximadamente 0.009 onzas (circled)
H aproximadamente 28 onzas
J aproximadamente 9 onzas

Problem Solving
11-10 Graphing Functions

Use the table to answer each question.

1. $F = \frac{9}{5}C + 32$ is an equation for the function that gives the values in the table. What does each variable represent in the equation? Use the equation to complete the table.

   $\underline{F = \text{degrees Fahrenheit;}}$

   $\underline{C = \text{degrees Celsius}}$

Equivalent Temperatures

Celsius (°C)	Fahrenheit (°F)
−20	−4
−10	14
0	32
10	50
20	68

2. Write a different equation for a function that gives the values in the table.

   $\underline{C = \frac{5}{9}(F - 32)}$

3. Is the ordered pair (30, 86) a solution for either equation? Why or why not? What does each value in the ordered pair represent?

   $\underline{\text{Yes, the ordered pair is } (C, F);}$
   $\underline{86 = \frac{9}{5}(30) + 32}$

4. Graph the function described by either equation on the graph at right. **Check students' graphs.**

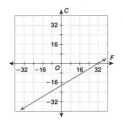

Circle the letter of the correct answer.

5. Use your graph to find the equivalent Fahrenheit temperature for −8°C.
   (A) 18°F
   B 28°F
   C 42°F
   D 46°F

6. What Celsius temperature is equivalent to −58°F?
   (F) −50°C   H 50°C
   G 14.4°C   J −40°C

7. Which is not a solution for the equation in Exercise 1?
   A (100, 212)   (C) (−40, 104)
   B (0, 32)   D (60, 140)

LECCIÓN
Resolución de problemas
11-10 Cómo representar gráficamente las funciones

Usa la tabla para responder a cada pregunta.

1. $F = \frac{9}{5}C + 32$ es una ecuación para la función que da los valores de la tabla. ¿Qué representa cada variable en la ecuación? Usa la ecuación para completar la tabla.

   $\underline{F = \text{grados Fahrenheit;}}$

   $\underline{C = \text{grados Celsius}}$

Temperaturas equivalentes

Celsius (°C)	Fahrenheit (°F)
−20	−4
−10	14
0	32
10	50
20	68

2. Escribe una ecuación distinta para una función que dé los valores de la tabla.

   $\underline{C = \frac{5}{9}(F - 32)}$

3. El par ordenado (30, 86) ¿es una solución para alguna de las ecuaciones? ¿Por qué sí o por qué no? ¿Qué representa cada valor en el par ordenado?

   $\underline{\text{Sí, el par ordenado es (C, F);}}$
   $\underline{86 = \frac{9}{5}(30) + 32}$

4. Representa gráficamente la función descrita por cualquiera de las ecuaciones en la gráfica de la derecha. **Comprueba las gráficas de los estudiantes.**

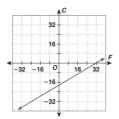

Encierra en un círculo la letra de la respuesta correcta.

5. Usa tu gráfica para hallar la temperatura en grados Fahrenheit equivalente a −8° C.
   (A) 18° F
   B 28° F
   C 42° F
   D 46° F

6. ¿Qué temperatura Celsius es equivalente a −58° F?
   (F) −50° C   H 50° C
   G 14.4° C   J −40° C

7. ¿Qué opción no es una solución de la ecuación del Ejercicio 1?
   A (100, 212)   (C) (−40, 104)
   B (0, 32)   D (60, 140)

Copyright © by Holt, Rinehart and Winston.
All rights reserved.
101
Holt Matemáticas

Problem Solving
12-1 Introduction to Probability

Floods are categorized by their probability of occurrence. For example, a flood categorized as a 20-year flood means it has a 1 in 20 chance of occurring in any given year. Complete the flood probability chart below. Then use it to answer the questions. Write answers in simplest form.

Flood Probabilities of Occurrence

	Category	Probability Fraction	Probability Decimal	Probability Percent
1.	2-year flood	$\frac{1}{2}$	0.5	50%
2.	5-year flood	$\frac{1}{5}$	0.2	20%
3.	10-year flood	$\frac{1}{10}$	0.1	10%
4.	50-year flood	$\frac{1}{50}$	0.02	2%
5.	100-year flood	$\frac{1}{100}$	0.01	1%

6. Which flood category in the table is the most likely to occur in a given year? The least likely?

   $\underline{\text{most: 2-year flood;}}$
   $\underline{\text{least: 100-year flood}}$

7. Following the naming system in the table, what category name would you use for a flood that is certain to occur in any given year?
   A a 1-week flood
   B a 1-month flood
   (C) a 1-year flood
   D a 3-year flood

8. The Yukon River in Alaska had a 100-year flood in 1992. Does this mean that another 100-year flood could not occur on the Yukon River until 2092? Explain.

   $\underline{\text{No; The probability of}}$
   $\underline{\text{occurrence is always 1\%.}}$

9. The Mississippi River system had a rare 500-year flood in 1993. What is the percent of probability that another 500-year flood will occur on the Mississippi River system next year?
   F 2%
   (G) 0.2%
   H 0.02%
   J 0.002%

LECCIÓN
Resolución de problemas
12-1 Introducción a la probabilidad

Las inundaciones se clasifican por su probabilidad de ocurrencia. Por ejemplo, una inundación clasificada como de 20 años significa que tiene 1 en 20 posibilidades de ocurrencia en un año determinado. Completa la siguiente tabla de probabilidad de inundaciones. Luego usa la información de la tabla para responder a las preguntas. Escribe las respuestas en su mínima expresión.

Probabilidades de ocurrencia de inundaciones

	Categoría	Fracción de probabilidad	Decimal de probabilidad	Porcentaje de probabilidad
1.	inundación de 2 años	$\frac{1}{2}$	0.5	50%
2.	inundación de 5 años	$\frac{1}{5}$	0.2	20%
3.	inundación de 10 años	$\frac{1}{10}$	0.1	10%
4.	inundación de 50 años	$\frac{1}{50}$	0.02	2%
5.	inundación de 100 años	$\frac{1}{100}$	0.01	1%

6. ¿Qué categoría de inundación de la tabla es más probable que ocurra en un año determinado? ¿Y la menos probable?

   $\underline{\text{mayor: inundación de 2 años;}}$
   $\underline{\text{menor: inundación de 100 años}}$

7. Según el sistema de denominación de la tabla, ¿qué nombre podrías usar para una inundación cuya ocurrencia en un año determinado es segura?
   A inundación de 1 semana
   B inundación de 1 mes
   (C) inundación de 1 año
   D inundación de 3 años

8. En 1992, el río Yukon en Alaska tuvo una inundación de 100 años. ¿Esto significa que no podría ocurrir otra inundación de 100 años en el río Yukon hasta 2092? Explica.

   $\underline{\text{No; la probabilidad de ocurrencia}}$
   $\underline{\text{es siempre 1\%.}}$

9. El sistema del río Mississippi tuvo una rara inundación de 500 años en 1993. ¿Cuál es el porcentaje de probabilidad de que ocurra otra inundación de 500 años en el sistema del río Mississippi el año próximo?
   F 2%
   (G) 0.2%
   H 0.02%
   J 0.002%

Copyright © by Holt, Rinehart and Winston.
All rights reserved.
102
Holt Matemáticas

Problem Solving
Experimental Probability

Write the correct answer. Write answers in simplest form.

1. Brandy tossed a fair coin several times. She recorded the result of each toss in this table. What is the experimental probability that Brandy's next toss will land heads up?

Heads Up	JHT JHT JHT I
Tails Up	JHT JHT IIII

$\frac{8}{15}$

2. In this table, Charles recorded the gender of each person who shopped at his store this morning. What is the experimental probability that his next customer will be a woman?

Male	JHT JHT JHT JHT II
Female	JHT JHT JHT III

$\frac{9}{20}$

3. Nita packed 4 pairs of shorts for her beach vacation—a blue pair, a white pair, a denim pair, and a black pair. Without looking, she pulls out the blue pair from her suitcase. What is the outcome?

blue shorts

4. Mick rolled two number cubes at the same time. Each cube is numbered 1 through 6. The cubes showed a sum of 7. What is the outcome for this experiment?

7

Abdul recorded the number of free throws his favorite basketball player made in each of 24 games. He organized his results in this frequency table. Circle the letter of the correct answer.

Free Throws Made	0	1	2	3	4
Frequency	1	4	7	9	3

5. What is the experimental probability that this player will make 1 free throw in the next game?

A $\frac{1}{24}$

Ⓑ $\frac{1}{6}$

C $\frac{7}{24}$

D $\frac{1}{8}$

6. Based on Abdul's experiment, how many free throws will this player most likely make in any given game?

Ⓕ 3

G 4

H 0

J 2

LECCIÓN
12-2
Resolución de problemas
Probabilidad experimental

Escribe la respuesta correcta. Escribe las respuestas en su mínima expresión.

1. Brandy lanzó varias veces una moneda a cara o cruz. Ella anotó el resultado de cada lanzamiento en esta tabla. ¿Cuál es la probabilidad experimental de que Brandy lance la próxima moneda y caiga cara?

Cara	JHT JHT JHT I
Cruz	JHT JHT IIII

$\frac{8}{15}$

2. En esta tabla, Carlos anotó el sexo de cada persona que compró en su tienda esta mañana. ¿Cuál es la probabilidad experimental de que su próximo cliente sea una mujer?

Hombre	JHT JHT JHT JHT II
Mujer	JHT JHT JHT III

$\frac{9}{20}$

3. Nita empacó 4 shorts para sus vacaciones en la playa: unos azules, unos blancos, unos de jean y unos negros. Sin mirar, saca los shorts azules de su maleta. ¿Cuál es el resultado?

shorts azules

4. Mick lanzó dos dados al mismo tiempo. Cada dado está numerado del 1 al 6. Los dados cayeron en números que, sumados, dan 7. ¿Cuál es el resultado de este experimento?

7

Abdul anotó el número de tiros libres que su jugador favorito de básquetbol hizo en cada uno de 24 partidos. Organizó sus resultados en esta tabla de frecuencia. Encierra en un círculo la letra de la respuesta correcta.

Tiros libres realizados	0	1	2	3	4
Frecuencia	1	4	7	9	3

5. ¿Cuál es la probabilidad experimental de que este jugador haga 1 tiro libre en el próximo partido?

A $\frac{1}{24}$

Ⓑ $\frac{1}{6}$

C $\frac{7}{24}$

D $\frac{1}{8}$

6. Basándote en el experimento de Abdul, ¿cuántos tiros libres podría hacer este jugador en un partido determinado?

Ⓕ 3

G 4

H 0

J 2

Copyright © by Holt, Rinehart and Winston.
All rights reserved.
103
Holt Matemáticas

Problem Solving
Counting Methods and Sample Spaces

Write the correct answer.

1. Computer spreadsheet programs use letter-number combinations to name cells. How many different cells can a spreadsheet have where its name has 1 English letter followed by 1 digit?

260 different cells

2. An airline has five different flights to San Francisco today. Each flight offers first-class or coach seats. From how many different tickets to San Francisco can you choose today?

10 different tickets

3. On Friday, the school cafeteria is serving pizza, hamburgers, chicken, milk, chocolate milk, and juice. From how many different meal-drink combinations can you choose?

9 combinations

4. Tanya packed 4 T-shirts, 6 pairs of shorts, and 2 pairs of shoes for her vacation. How many different short-shirt-shoes outfit combinations can she wear?

48 different outfits

Circle the letter of the correct answer.

5. There are 4 people at a meeting. Every person shakes hands with each other person once. How many handshakes are done in all?

A 16 handshakes

B 12 handshakes

C 8 handshakes

Ⓓ 6 handshakes

6. There are 3,628,800 different ways to arrange the digits 0 through 9! How many different ways can you arrange the digits 1, 2, and 3?

F 4 different ways

Ⓖ 6 different ways

H 7 different ways

J 9 different ways

7. A spinner has 6 equal sections labeled *A, B, C, D, E,* and *F.* A second spinner has 5 equal sections colored red, blue, green, yellow, and black. If you spin both spinners at the same time, how many different possible outcomes are there?

A 5   C 11

B 6   Ⓓ 30

8. How many different ways can you get from point *A* to point *G*?

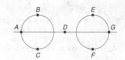

F 4   H 5

Ⓖ 9   J 12

LECCIÓN
12-3
Resolución de problemas
Métodos de conteo y espacios muestrales

Escribe la respuesta correcta.

1. Los programas de computación de hojas de cálculo usan combinaciones de letras y números para nombrar las celdas. ¿Cuántas celdas diferentes puede tener una hoja de cálculo cuyo nombre tiene 1 letra seguida de 1 dígito?

260 celdas diferentes

2. Una línea aérea tiene hoy cinco vuelos diferentes a San Francisco. Cada vuelo ofrece asientos de primera clase o de clase turista. ¿Cuántos pasajes diferentes a San Francisco puedes elegir hoy?

10 pasajes diferentes

3. El viernes, la cafetería de la escuela servirá pizza, hamburguesas, pollo, leche, leche chocolatada y jugo. ¿Cuántas combinaciones distintas de comida-bebida puedes elegir?

9 combinaciones

4. Tanya empacó 4 camisetas, 6 shorts y 2 pares de zapatos para sus vacaciones. ¿Cuántas combinaciones diferentes de conjuntos de shorts-camiseta-zapatos puede usar?

48 conjuntos diferentes

Encierra en un círculo la letra de la respuesta correcta.

5. En una reunión hay 4 personas. Cada persona estrecha la mano de las otras personas una vez. ¿Cuántos apretones de manos se dieron en total?

A 16 apretones de manos

B 12 apretones de manos

C 8 apretones de manos

Ⓓ 6 apretones de manos

6. ¡Hay 3,628,800 maneras diferentes de ordenar los dígitos de 0 a 9! ¿De cuántas maneras diferentes puedes ordenar los dígitos 1, 2 y 3?

F 4 maneras diferentes

Ⓖ 6 maneras diferentes

H 7 maneras diferentes

J 9 maneras diferentes

7. Una rueda tiene 6 secciones iguales rotuladas *A, B, C, D, E,* y *F.* A una segunda rueda tiene 5 secciones iguales de color rojo, azul, verde, amarillo y negro. Si haces girar las dos ruedas al mismo tiempo, ¿cuántos resultados posibles habrá?

A 5   C 11

B 6   Ⓓ 30

8. ¿De cuántas maneras diferentes puedes ir del punto *A* al punto *G*?

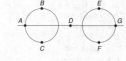

F 4   H 5

Ⓖ 9   J 12

Copyright © by Holt, Rinehart and Winston.
All rights reserved.
104
Holt Matemáticas

Each time a letter is drawn, it is returned to the bag. Write the correct answer. Write answers in simplest form.

1. At the beginning of a game, each player picks letter tiles from a bag without looking. What is the probability that a player will pick a blank tile?
$\frac{1}{50}$

Numbers of Tiles for Each Letter

Letter	Tiles	Letter	Tiles
A	9	O	8
B	2	P	2
C	2	Q	1
D	4	R	6
E	12	S	4
F	2	T	6
G	3	U	4
H	2	V	2
I	9	W	2
J	1	X	1
K	1	Y	2
L	4	Z	1
M	2	BLANK	2
N	6		

2. Which letter are you most likely to pick from the bag? Write this probability as a fraction, decimal, and percent.
E; $\frac{3}{25}$, 0.12, 12%

3. Which letters are you least likely to pick from the bag? What is the probability that you will pick any one of those letters? Write this probability as a fraction, decimal, and percent.
J, K, Q, X, and Z; $\frac{1}{100}$; 0.01; 1%

Circle the letter of the correct answer.

4. The probability of randomly picking a letter is $\frac{3}{50}$. What could that letter possibly be?
A E
B G
Ⓒ N, R, or T
D V, W, or Y

5. The probability of randomly picking a letter is $\frac{1}{25}$. What could that letter possibly be?
F A
G B
H C, F, H, or M
Ⓙ D, L, S, or U

6. What is the probability that you will select a vowel tile from the bag?
A $\frac{9}{100}$ Ⓒ $\frac{11}{25}$
B $\frac{26}{49}$ D $\frac{21}{50}$

7. Most words with a *Q* must also have a *U*. What is the probability that you will select a *U*?
F $\frac{1}{100}$ H $\frac{1}{20}$
Ⓖ $\frac{1}{25}$ D $\frac{1}{300}$

Holt Mathematics

LECCIÓN
12-4 **Resolución de problemas**
Probabilidad teórica

Cada vez que se saca una letra, se vuelve a poner en la bolsa. Escribe la respuesta correcta. Escribe las respuestas en su mínima expresión.

1. Al comienzo del juego, cada jugador toma fichas de letras de la bolsa sin mirar. ¿Qué probabilidad hay de que un jugador tome una ficha en blanco?
$\frac{1}{50}$

Número de fichas para cada letra

Letra	Fichas	Letra	Fichas
A	9	O	8
B	2	P	2
C	2	Q	1
D	4	R	6
E	12	S	4
F	2	T	6
G	3	U	4
H	2	V	2
I	9	W	2
J	1	X	1
K	1	Y	2
L	4	Z	1
M	2	EN BLANCO	2
N	6		

2. ¿Qué letra es más probable que saques de la bolsa? Escribe esta probabilidad como fracción, decimal y porcentaje.
E; $\frac{3}{25}$, 0.12, 12%

3. ¿Qué letras es menos probable que saques de la bolsa? ¿Qué probabilidad hay de que saques una de esas letras? Escribe esta probabilidad como fracción, decimal y porcentaje.
J, K, Q, X, y Z; $\frac{1}{100}$; 0.01; 1%

Encierra en un círculo la letra de la respuesta correcta.

4. La probabilidad de sacar una letra al azar es $\frac{3}{50}$. ¿Cuál podría ser esa letra?
A E
B G
Ⓒ N, R, ó T
D V, W, ó Y

5. La probabilidad de sacar una letra al azar es $\frac{1}{25}$. ¿Cuál podría ser esa letra?
F A
G B
H C, F, H, ó M
Ⓙ D, L, S, ó U

6. ¿Qué probabilidad hay de que selecciones una ficha de vocal de la bolsa?
A $\frac{9}{100}$ Ⓒ $\frac{11}{25}$
B $\frac{26}{49}$ D $\frac{21}{50}$

7. La mayoría de las palabras con *Q* también tienen una *U*. ¿Qué probabilidad hay de que selecciones una *U*?
F $\frac{1}{100}$ H $\frac{1}{20}$
Ⓖ $\frac{1}{25}$ D $\frac{1}{300}$

Copyright © by Holt, Rinehart and Winston.
All rights reserved.
105
Holt Matemáticas

You have two decks of playing cards. You draw one card from each deck at the same time. Write the correct answer.

1. What is the probability that you will draw a black card from Deck 1 and a red card from Deck 2?
$\frac{1}{4}$

Standard Deck of Playing Cards

Suit	Color	Number
Spades	Black	13
Hearts	Red	13
Clubs	Black	13
Diamonds	Red	13

2. What is the probability that you will draw a club card from both decks?
$\frac{1}{16}$

3. What is the probability that you will draw a heart from Deck 1 and a black card from Deck 2?
$\frac{1}{8}$

You roll two standard number cubes at the same time. Circle the letter of the correct answer.

4. What is the probability that you roll doubles, or the same two numbers?
A $\frac{1}{2}$
B $\frac{1}{3}$
Ⓒ $\frac{1}{6}$
D $\frac{1}{12}$

5. What is the probability of rolling a sum less than 6?
Ⓕ $\frac{5}{18}$
G $\frac{1}{6}$
H $\frac{1}{9}$
J $\frac{1}{18}$

6. Which sums are you least likely to get? What is the probability of rolling either of those sums?
A 2 or 3; $\frac{1}{12}$
B 2 or 4; $\frac{1}{9}$
B 2 or 6; $\frac{1}{6}$
Ⓓ 2 or 12; $\frac{1}{18}$

7. Which sum are you most likely to get? What is the probability of rolling that sum?
Ⓕ 7; $\frac{1}{6}$
G 8; $\frac{1}{9}$
H 9; $\frac{1}{9}$
J 10; $\frac{1}{12}$

Holt Mathematics

LECCIÓN
12-5 **Resolución de problemas**
Sucesos compuestos

Tienes dos mazos de naipes. Sacas un naipe de cada mazo al mismo tiempo. Escribe la respuesta correcta.

1. ¿Qué probabilidad hay de que saques un naipe negro del mazo 1 y un naipe rojo del mazo 2?
$\frac{1}{4}$

Mazo estándar de naipes

Palo	Color	Número
Picas	Negro	13
Corazones	Rojo	13
Tréboles	Negro	13
Diamantes	Rojo	13

2. ¿Qué probabilidad hay de que saques un trébol de los dos mazos?
$\frac{1}{16}$

3. ¿Qué probabilidad hay de que saques un corazón del mazo 1 y un naipe negro del mazo 2?
$\frac{1}{8}$

Lanzas dos dados estándar al mismo tiempo. Encierra en un círculo la letra de la respuesta correcta.

4. ¿Qué probabilidad hay de que lances dobles, o dos números iguales?
A $\frac{1}{2}$
B $\frac{1}{3}$
Ⓒ $\frac{1}{6}$
D $\frac{1}{12}$

5. ¿Qué probabilidad hay de sacar una suma menor que 6?
Ⓕ $\frac{5}{18}$
G $\frac{1}{6}$
H $\frac{1}{9}$
J $\frac{1}{18}$

6. ¿Qué sumas es menos probable que saques? ¿Qué probabilidad hay de sacar una de esas sumas?
A 2 ó 3; $\frac{1}{12}$
B 2 ó 4; $\frac{1}{9}$
B 2 ó 6; $\frac{1}{6}$
Ⓓ 2 ó 12; $\frac{1}{18}$

7. ¿Qué suma es más probable que saques? ¿Qué probabilidad hay de sacar esa suma?
Ⓕ 7; $\frac{1}{6}$
G 8; $\frac{1}{9}$
H 9; $\frac{1}{9}$
J 10; $\frac{1}{12}$

Copyright © by Holt, Rinehart and Winston.
All rights reserved.
106
Holt Matemáticas

Holt Middle School Math   Course 1

Write the correct answer.

U.S. Public High School Graduation Rates, Top 5 States

State	Number of Students	Percent that Graduate
Iowa	497,301	83.2%
Minnesota	854,034	84.7%
Nebraska	288,261	87.9%
North Dakota	112,751	84.5%
Utah	480,255	83.7%

1. In which state are students most likely to graduate from public high school? About how many of the students who are enrolled in that state now do you predict will graduate?

   Nebraska; about 253,381
   students

2. About how many students enrolled in North Dakota public high schools now do you predict will graduate?

   about 95,275 students

Circle the letter of the correct answer.

3. About how many students enrolled in Minnesota public high schools now do you predict will graduate?
   A about 717,389 students
   B about 723,367 students
   C about 743,010 students
   D about 7,233,667 students

4. About how many more students in public high schools do you predict will graduate in Iowa than in Utah?
   F about 413,754 more students
   G about 401,973 more students
   H about 11,781 more students
   J about 1,781 more students

5. The total U.S. high school graduation rate is 68.1%. There are 48,857,321 students enrolled in public schools. About how many of those students do you predict will graduate?
   A about 332 million students
   B about 20 million students
   C about 33 million students
   D about 16 million students

6. About 11% of all students in the U.S. are enrolled in private schools. There are more than 48 million students in the U.S. About how many do you predict will go to private schools?
   F about 5,280,000 students
   G about 6 million students
   H about 52,800 students
   J about 528,000 students

Holt Mathematics

LECCIÓN
12-6
Resolución de problemas
Cómo hacer predicciones

Escribe la respuesta correcta.

Tasas de graduación en escuela secundaria pública de EE.UU., los 5 estados con mejores puestos

Estado	Número de estudiantes	Porcentaje de graduados
Iowa	497,301	83.2%
Minnesota	854,034	84.7%
Nebraska	288,261	87.9%
Dakota del Norte	112,751	84.5%
Utah	480,255	83.7%

1. ¿En qué estado es más probable que se gradúen los estudiantes de la escuela secundaria pública? ¿Aproximadamente cuántos de los estudiantes que están inscritos actualmente en ese estado predices que se graduarán?

   Nebraska; 253,381 estudiantes

2. ¿Aproximadamente cuántos estudiantes que están inscritos actualmente en escuelas secundarias públicas de Dakota del Norte predices que se graduarán?

   unos 95,275 estudiantes

Encierra en un círculo la letra de la respuesta correcta.

3. ¿Aproximadamente cuántos estudiantes que están actualmente inscritos en escuelas superiores públicas en Minnesota predices que se graduarán?
   A unos 717,389 estudiantes
   B unos 723,367 estudiantes
   C unos 743,010 estudiantes
   D unos 7,233,667 estudiantes

4. ¿Aproximadamente cuántos estudiantes más de escuelas superiores públicas predices que se graduarán en Iowa que en Utah?
   F unos 413,754 estudiantes más
   G unos 401,973 estudiantes más
   H unos 11,781 estudiantes más
   J unos 1,781 estudiantes más

5. La tasa total de graduación de la escuela secundaria en EE.UU. es 68.1%. Hay 48,857,321 estudiantes inscritos en escuelas públicas. ¿Aproximadamente cuántos de esos estudiantes predices que se graduarán?
   A unos 332 millones
   B unos 20 millones
   C unos 33 millones
   D unos 16 millones

6. Aproximadamente 11% del total de estudiantes en EE.UU. están inscritos en escuelas privadas. Hay más de 48 millones de estudiantes en EE.UU. ¿Cuántos predices que irán a escuelas privadas?
   F unos 5,280,000
   G unos 6 millones de
   H unos 52,800
   J unos 528,000

Copyright © by Holt, Rinehart and Winston.
All rights reserved.
107
Holt Matemáticas